U0150289

模具钢硬态切削显微组织演变建模与仿真

张 松 李斌训 胡瑞泽 著

科学出版社

北 京

内 容 简 介

本书结合作者多年从事模具钢硬态切削过程中的显微组织动态演变研究所取得的成果撰写而成，在全面分析国内外硬态切削技术发展现状的基础上，着重阐述了模具钢硬态切削变形区显微组织及性能的研究现状、硬态切削仿真建模、切屑显微组织表征及动态演变仿真、切削亚表层显微组织表征及演变机理、切削亚表层晶粒尺寸及显微硬度动态演变仿真、切削表面层力学性能评定及硬态切削工艺优化等方面内容。本书兼顾理论分析与工程应用两个方面，系统总结了模具钢硬态切削显微组织演变建模及仿真研究中的先进成果。

本书可供从事切削理论、切削刀具和机械制造工艺等研究的技术人员和管理人员参考，也可作为科研人员、高等工科院校教师的教研参考书以及机械类研究生的教学参考书。

图书在版编目（CIP）数据

模具钢硬态切削显微组织演变建模与仿真/张松，李斌训，胡瑞泽著. —北京：科学出版社，2021.11
　ISBN 978-7-03-069823-0

　Ⅰ.①模… Ⅱ.①张… ②李… ③胡… Ⅲ.① 模具钢-金属切削-显微组织（金相学）-系统建模 ② 模具钢-金属切削-显微组织（金相学）-系统仿真 Ⅳ.① TG142.45

中国版本图书馆 CIP 数据核字（2021）第 189802 号

责任编辑：陈　婕　赵晓廷 / 责任校对：贾娜娜
责任印制：赵　博 / 封面设计：蓝正设计

科学出版社 出版
北京东黄城根北街 16 号
邮政编码：100717
http://www.sciencep.com

北京华宇信诺印刷有限公司印刷
科学出版社发行　各地新华书店经销
*
2021 年 11 月第　一　版　开本：720×1000 B5
2025 年 1 月第三次印刷　印张：11 3/4
字数：230 000
定价：98.00 元
（如有印装质量问题，我社负责调换）

前　言

模具钢硬态切削技术具有明显的技术优势和经济优势，正朝着高速化、实用化的方向发展，但人们对硬态切削过程中的机械-热-相变/再结晶多场综合作用下的硬态切削变形区显微组织演变规律、演变机理、动态演变仿真和切削表面层宏观力学性能以及硬态切削工艺参数优化等方面还缺乏深入、系统的研究，在学术界和工业界尚未形成统一的认识，限制了硬态切削技术的进一步推广应用。因此，为了发挥硬态切削的技术优势，充分利用先进刀具的切削性能和高性能机床的生产能力，实现硬态切削由"控形制造"向"控形控性制造"的转变，更好地服务我国的模具行业和国民经济，就需要对模具钢硬态切削变形区的显微组织演变进行更为深入、系统的研究。

本书作者多年来致力于模具钢硬态切削理论及相关技术研究。本书是作者在总结这些研究成果的基础上撰写而成的，其内容直接取材于作者近年来在国内外专业期刊发表的学术论文和课题组研究生的学位论文，主要内容包括模具钢硬态切削变形区显微组织及性能的研究现状、硬态切削仿真建模、切屑显微组织表征及动态演变仿真、切削亚表层显微组织表征及演变机理、切削亚表层晶粒尺寸及显微硬度动态演变仿真、切削表面层力学性能评定及硬态切削工艺优化等方面。撰写本书的目的在于向读者介绍该领域的最新研究成果，并将其应用于工程实践中，希望有助于提升我国模具行业的制造水平和国际竞争力。

本书由张松、李斌训和胡瑞泽共同撰写。在本书的撰写过程中，作者参阅和引用了国内外大量文献资料，由于篇幅有限，未能将所有文献资料的作者与单位一一列出，特在此说明，并谨向所引文献资料的作者表示衷心的感谢。同时，山东大学王仁伟、张静、栾晓娜、房玉杰、刘泽辉等研究生参与了本书部分章节的资料整理、图表处理等工作，特在此表示感谢。

本书的相关研究先后得到了国家自然科学基金面上项目(51175309、51575321、51975333)、山东省泰山学者工程专项(ts201712002)、山东省自主创新专项(2013CXH40101)、山东省重大科技创新工程项目(2018CXGC0804、2019JZZY010437)等多项科研项目的资助和一些工业企业的支持，在此一并表示衷心的感谢。

由于作者水平有限，书中难免存在不足之处，恳请专家和读者批评指正。

作　者
2021 年 1 月于济南

目　　录

第1章 绪 论

模具钢硬态切削技术具有明显的技术优势和经济优势，正朝着高速化、实用化的方向发展。目前，关于硬态切削表面质量的研究和取得的成果主要集中在表面几何特征方面，而关于硬态切削变形区的显微组织演变和切削表面层力学性能的研究却相对缺乏。本章通过对硬态切削变形区显微组织的演变机理、仿真建模、切削表面层力学性能评价及硬态切削工艺参数优化等方面的国内外研究现状进行分析概述，指出目前关于模具钢硬态切削显微组织演变研究方面存在的问题，从而确定本书的主要内容。

1.1 研究背景和研究意义

随着科学技术的不断进步，各种先进成形技术如 3D 打印[1]、激光成形[2]、粉末冶金[3]等极大地推动了机械制造业的升级和发展。尽管如此，切削加工依然在成形方面占有最重要的地位，绝大部分重要零件的最终成形工艺仍以切削为主，因此切削是应用范围最广的一种机械制造方法[4]。金属切削过程中材料的剧烈弹塑性变形以及刀具-切屑和刀具-工件界面摩擦产生的大量切削热，导致切削区呈现"高温、高压、高应变率"的特点，从而使刀具磨损加剧、表面质量恶化、切削效率降低。通过外部供给具有冷却、润滑作用的切削液至切削区，可以达到显著减缓刀具磨损、改善加工表面质量和提高切削效率的目的[5-7]。然而，使用大流量切削液的传统浇注式切削过程(图 1-1)总是伴随着大量的资源和能源消耗，与现在所倡导的"创建资源节约型、环境友好型社会"的发展理念背道而驰。更为重要的是，切削液的使用会产生大量的无法降解的废弃溶液，不仅造成环境污染，而且对操作人员的身体健康造成威胁[8,9]。因此，发展绿色、可持续的先进制造技术替代传统切削技术迫在眉睫，其具体要求是：环境友好、资源节约、无害、无废弃物以及节约生产成本[10]。对于机械加工领域，发展可持续制造技术主要是基于刀具技术的创新和冷却润滑方式的转变[11]。

随着高性能机床的出现和先进刀具材料性能的不断提高，不使用任何切削液或仅使用微量可降解切削油的硬态切削技术在现代化制造体系中备受学术界和工业界的青睐。硬态切削，是指采用先进刀具在干式/准干式条件下直接切削具有较高硬度的材料(包括模具钢、轴承钢等)[12-14]。硬态切削技术完全符合"绿色制造、可持续发展"的清洁生产要求,被称为"最具应用前景的先进制造技术之一"。与传统切削方式相比,硬态切削技术具有十分明显的优势(图 1-2),如实现以切代磨、表面粗糙度小、材料去除率大、生产效率高、成本低、能耗小且环境污染小等[15,16],已经在齿轮、轴承、模具、汽车和机床制造等行业得到推广应用[17,18]。尽管硬态切削技术已经展现出巨大的应用优势和未来发展潜力,但是目前仍然面临许多挑战,主要体现在两个方面:①硬态切削过程中过高的刀具-切屑和刀具-工件接触温度容易降低刀具切削刃的硬度,发生塑性变形甚至失效[19,20];②剧烈的弹塑性变形和过高的切削温度会造成切削亚表层材料的显微组织和物理、力学性能发生变化,降低加工表面层质量[21]。

(a) 车削过程　　　　　　　　　　　　　　(b) 铣削过程

图 1-1　传统浇注式切削过程

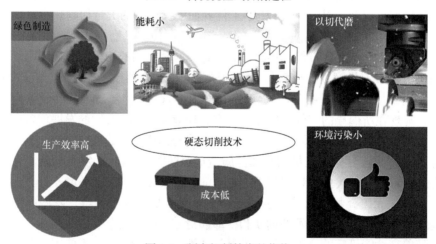

图 1-2　硬态切削技术的优势

　　材料的失效主要有疲劳、腐蚀和磨损,统计数据显示,疲劳在各种失效形式中占 60%以上,航空和机车行业占 80%以上。但无论是疲劳还是腐蚀和磨损往往都起源于表面或亚表层,即疲劳源是从加工表面之下微米尺度范围内开始的,这表明已加工表面之下的材料的显微组织和物理、力学性能变化对零部件的使用性能产生显著影响[22,23]。由此可知,表面层质量成为影响被加工零件的使用性能和疲劳寿命的关键因素,而表面完整性是衡量切削加工质量好坏的最重要指标。如图 1-3 所示,表面层包括切削表面和亚表层[24]。本书将光学显微镜(optical microscope, OM)或扫描电子显微镜(scanning electron microscope, SEM)下观测到的切削试样横断面呈现出不同于原始基体的显微组织的区域统称为亚表层,也有学者称其为变质层。亚表层(变质层)包括而又不限于白层、暗层和塑性变形层等,位于亚表层下面的是基体。

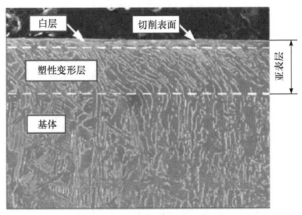

图 1-3 切削表面层示意图[24]

表面层质量具体是指表面几何特征、亚表层显微组织结构和表面层性能。表面完整性的具体含义是指为保持和提高材料固有的力学、物理、化学、生物等使用性能而需使表面层材料具有不同于基体的特定状态和性能[25,26],其内涵与外延如图 1-4 所示。其中,表面几何特征包括表面形貌、加工纹理、波度、表面粗糙度等;亚表层显微组织结构主要包括微观组织、相结构及含量、晶体织构等参数;表面层性能主要是指表面层材料的屈服强度、拉伸强度、断裂韧度、显微硬度、残余应力等力学参数。对于表面几何特征(主要包括表面粗糙度、三维形貌、表面缺陷)这一衡量切削表面层质量的评价指标,人们已经开展了较为系统的研究,并取得了一系列原创性成果[27-29]。然而,随着科学技术的不断发展和工作环境的不断扩展,很多零件都是在高温、高压、高速、重载和腐蚀等较为恶劣的条件下工作的。零件的表面层质量会对产品的配合质量、耐磨性、耐用性、疲劳强度、高温强度、耐腐蚀性等使用性能产生很大影响,因此,人们对机械零件的加工表面质量要求也越来越高。换言之,切削过程中除了要保证零件的表面几何特征,更要特别重视被加工零件的切削亚表层显微组织及其物理、力学性能,即实现由"控形制造"向"控形控性制造"的转变。对于切削加工,零件的疲劳失效与切削亚表层材料的晶粒细化、塑性变形、加工硬化、相变、二次相析出等显微组织演变以及由此引起的物理、力学性能变化密切相关[30-32]。此外，零件的被加工表面完整性直接受制于零件材料特性、刀具材料(包括涂层材料)特性、刀具结构和几何参数、切削参数、冷却润滑方式及参数等切削条件。因此，研究硬态切削工艺参数对切削区显微组织及其物理、力学性能的影响，进而控制被加工零件的表面完整性从而达到改善加工零件性能、延长其使用寿命的目的就显得十分重要。

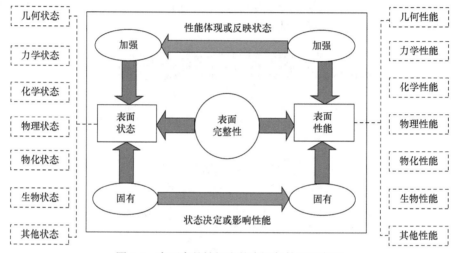

图 1-4　表面完整性概念的内涵与外延示意图

AISI H13 钢(其成分、性能与国产 4Cr5MoSiV1 钢相近)是一种 Cr-Mo-V 基热作模具钢，主要应用于热锻模具、热挤压模具以及有色金属压铸模具的制造[33]。热锻模具使用条件较为恶劣，需承受高温、高压和较大冲击力；热挤压模具在挤压过程中要承受较大的压力、较高的温度和剧烈的摩擦；压铸模具工作时与高温的液态金属接触，不仅受热时间长，而且承受很高的压力，此外还受到反复加热和冷却的作用以及金属液流的高速冲刷。上述工作条件使得热作模具的主要失效形式表现为热应力循环导致的热疲劳裂纹、龟裂、磨损和过量的塑性变形等。这就要求制作热作模具的 H13 钢具有较高的强度、足够的韧性、较好的耐磨性和良好的冷热疲劳抗力。

处于淬硬状态的 H13 钢具有硬度高、延展性好、热硬性好、抗热冲击和热软化以及耐磨性好等特点[34,35]。然而，H13 钢的高硬度也使其成为典型的难加工材料之一，主要原因如下：①H13 钢硬态切削过程中的切削变形区高温会加剧刀具磨损，造成刀具寿命骤降；②切削变形区的高温和高剪切应变会使切削表面层质量变差，工件的几何精度降低。需要强调的是，切削亚表层显微组织及其性能同样在热-机械耦合载荷的共同作用下发生了实质性变化，产生塑性变形、动态再结晶、相变以及加工硬化等。亚表层材料的显微组织主要是由尺寸在几十纳米到上百纳米之间的微小晶粒组成的,细小晶粒和高密度位错的存在使得亚表层硬度显著高于基体,在提高耐磨性的同时伴随着很大的脆性和残余应力场的产生,极易造成微裂纹的萌生和扩展。研究表明,热作模具使用过程中产生的过早变形和裂纹萌生主要始于表面或亚表层,因此开展 H13 钢硬态切削过程中亚表层显微组织演变预测和力学性能评价研究,进而优化 H13 钢硬态切削工艺是实现模具长寿命服役的重要前提和保障措施。

目前,硬态切削技术正处于从单一材料向多种材料、从低速切削向中高速切削、从"控形制造"向"控形控性制造"探索转变的发展过程中。我国模具制造业对高精度、高效率、高质量和高性能的切削技术有着迫切需求,同时也在极力研究并推广使用硬态切削技术。然而,由于缺少对 H13 钢硬态切削过程中切削变形区显微组织演变规律、演变机理和力学性能评价等方面的基础研究,切削变形区显微组织演变规律难以摸清、演变机理难以阐释、力学性能难以量化评定等,这极大地限制了硬态切削技术在模具行业的普及和推广应用。因此,需要从硬态切削工艺参数对显微组织演变规律、演变机理和切削表面层材料力学性能变化的影响等方面开展系统研究,实现 H13 钢硬态切削由"控形制造"向"控形控性制造"的转变和对表面层材料力学性能的综合评价,推动硬态切削技术在我国模具制造领域及其他行业的进一步推广应用。

1.2 模具钢硬态切削变形区显微组织及性能的研究现状

1.2.1 H13 钢的显微组织及力学性能

H13 钢的化学元素组成及其质量分数如表 1-1 所示。H13 钢的基本物理、力学性能和临界温度分别如表 1-2 和表 1-3 所示。碳含量决定钢淬火后的硬度,由淬火钢硬度与碳含量之间的曲线关系可知[33],H13 钢的淬火硬度约为 50HRC。H13 钢的奥氏体化温度范围是 1000~1060℃。为了使 H13 钢的力学性能满足使用要求,通常采用淬火+回火的热处理工艺,具体的热处理过程如图 1-5 所示。淬火后 H13 钢的显微组织是板条状马氏体、未溶碳化物和少量残余奥氏体,再经 2~3 次高温回火(回火温度为 540~650℃),消除工件中的淬火应力和少量残余奥氏体以及未溶碳化物,从而达到马氏体韧化的目的[36],其显微组织金相图和相组成 X 射线衍射(X-ray diffraction, XRD)图谱如图 1-6 所示。相关研究表明,H13 钢内部存在着严格的、尺度不同的多层级显微组织结构[37-40]:原奥氏体晶粒内部存在着多个惯习面相同而晶体取向不同的马氏体板条束,板条束又根据晶体取向进一步划分为若干个板条块,每一个板条块最终是由许多马氏体板条单元组成的，如图 1-7 所示。

表 1-1　H13 钢的化学元素组成及其质量分数

成分	C	Si	Mn	Cr	Mo	V	P	S	Fe
质量分数/%	0.32～0.45	0.8～1.25	0.2～0.6	4.75～5.5	1.1～1.75	0.8～1.2	≤0.03	≤0.03	余量

表 1-2　常温条件下 H13 钢的基本物理、力学性能

密度 $\rho/(kg/m^3)$	杨氏模量 E/GPa	泊松比 υ	硬度 (HRC)	断面收缩率 ψ/%	热导率 $\lambda/(W/(m \cdot K))$	比热容 $c/(J/(kg \cdot K))$
7800	211	0.28	50	23.0	23.01	417

表 1-3　H13 钢的临界温度

临界点	A_{c1}	A_{c3}	A_{r1}	A_{r3}	M_s	M_f
转变温度/℃	860	915	775	815	340	215

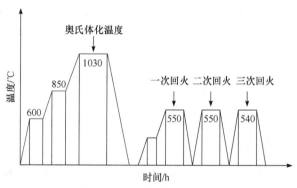

图 1-5　H13 钢热处理过程

(a) 金相图

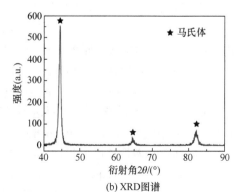

(b) XRD图谱

图 1-6　淬硬 H13 钢金相图及相组成 XRD 图谱

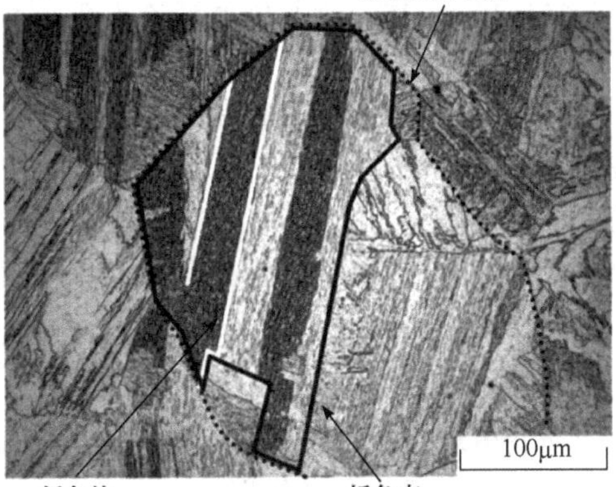

图 1-7　马氏体多尺度组织结构示意图[38]

1.2.2　切削变形区显微组织表征

切削变形区主要是指切屑底面和切削亚表层。切屑形貌是评价材料切削加工性能的典型指标之一，在切削过程中，剧烈的剪切塑性变形会导致材料的高应变和高应变率以及瞬时的温升/淬火效应，造成切屑形貌显微组织演变十分严重。一方面，切屑中显微组织的演变反映了切削过程中的机械载荷和热载荷现象，可以为深入理解切削过程和改善切削表面质量提供重要参考；另一方面，控制切屑硬度有助于深化对材料力学行为的理解，从而进一步预测切削过程中的材料性能变化。

Courbon 等[41]认为在 AISI 1045 钢切屑的第一变形区(剪切带)和第二变形区(刀具-切屑接触区)中观察到的尺寸仅为上百纳米的细小晶粒是由动态再结晶诱发形成的。Bejjani 等[42]同样认为剪切带内显微组织的演变是由动态再结晶引起的，并且进一步指出是旋转动态再结晶。Medina-Clavijo 等[43]通过对不同切削速度下 AISI 1045 钢切屑第二变形区的显微组织进行分析发现存在一个临界切削速度，当切削速度低于该临界切削速度时，第二变形区的显微组织呈现拉伸层状，当切削速度高于该临界切削速度时，显微组织主要由动态再结晶现象导致的等轴晶粒组成。然而，Zhang 和 Guo[44]分析认为相变是造成白层在 H13 钢切屑中第一变形区和第二变形区形成的主要原因，这与 Shi 和 Liu[45]的研究结果相一致。Campbell 等[46]通过对 Al-7075-T651 切屑中显微组织的研究，同样观察到绝热剪切带内的动态再结晶现象，并且发现切屑硬度随着切削速度的增大而减小，认为 η 相的长大粗化和 η' 相的析出是造成材料热软化的原因。相反地，Molaiekiya 等 [47]却发现切削速度的提高(500～1300m/min)并没有对 Inconel 718 切屑硬度的变化产生实质性影响，但是剪切带内的细小晶粒和位错密度的增殖使其硬度值比基体的硬度值高出 35%左右；此外，实验结果还表明显微组织的演变会改变刀具-切屑之间的摩擦行为。根据剪切带内显微组织演变程度的不同，Wan 等[48]将 Ti-6Al-4V 切屑中的剪切带划分为变形带、变形带+相变带和相变带三种情况，相变带的形成是因为发生了 β-Ti 向 α'' 相的转变，实验结果还表明剪切带的硬度值随着切削速度的提高呈上升趋势。可以看出，有关切屑中剪切带和刀具-切屑接触区显微组织演变机理的研究主要围绕动态再结晶机制和相变机制展开讨论，并没有形成统一定论。同时，切屑内显微组织演变的发生会改变材料的力学性能和流动应力状态，影响刀具-切屑之间的摩擦行为和切削性能。因此，对硬态切削过程中的切屑显微组织演变机理进行深入研究有很大实际意义，可为揭示切削表面形成机理和控制切削表面质量提供参考依据。

硬态切削同样会造成切削亚表层材料发生剧烈的塑性变形，可能诱导内部的显微组织结构产生一系列的晶体缺陷，如晶粒变形、位错塞积、孪晶和再结晶等。同时，在较高的切削速度下，材料剧烈的剪切变形引起的大应变和高应变率使得临界相变温度降低，进而促进相变的发生[49-51]。在淬硬钢的切削过程中，亚表层内的晶粒沿切削方向发生拉伸和扭转变形，而晶粒形貌的变化通常以晶界的塑性变形程度进行表征[52]。为了表征 H13 钢不同层级的多尺度组织结构，更好地揭示硬态切削对亚表层显微组织演变的影响，需要借助多种先进的材料表征技术手段进行深入分析和量化评价，从而为切削加工提供和反馈更多的参考信息，进而有助于优化切削表面层质量和控制被加工零件的力学性能。

用于金属材料物相检测的技术主要是 X 射线衍射仪(X-ray diffractometer，XRD)，并借助相关软件(如 Jade)对获得的 X 射线衍射图进行衍射峰标定，从而确定试样包含的物相数量、种类以及相对含量等基本信息。X 射线衍射仪是利用衍射原理精确测定物质的晶体结构、织构及应力，并精确进行物相分析、定性分析、定量分析，广泛应用于冶金、石油、化工、科研、航空航天、教学、材料生产等领域。

测量多晶体材料中晶粒平均尺寸的实验方法主要是借助 OM 或 SEM 的金相观察法，以参照标尺为依据，用多次测量得到的平均晶粒直径或转换的等效晶粒度级别来定量描述。SEM 自身具有许多独特的优点，主要体现在仪器分辨率较高，仪器放大倍数变化范围大且能连续可调，观察样品的景深大、视场大且图像富有立体感，样品制备简单，可以通过电子学方法有效地控制和改善图像质量以及进行综合分析等。另外，还可以借助图像处理软件对获取的金相图进行处理，通过对一定面积内的晶粒数统计分析计算平均晶粒尺寸，常见的图像处理软件有 Image-Pro Plus、ImageJ、Smileview 等。

通过透射电子显微镜(transmission electron microscope，TEM)可以看到在光学

显微镜下无法看清的小于 0.2μm 的细微结构,这些结构称为亚显微结构或超微结构。借助 TEM,可以对切削亚表层材料的晶体结构缺陷进行观测分析,晶体缺陷的表现形式主要包括位错、孪晶等,如图 1-8 所示。此外,TEM 还可用于对马氏体亚结构、不同于母相的其他新相进行分析。TEM 在材料科学、生物学中应用较多。电子易散射或易被物体吸收,所以穿透力低,样品的密度、厚度等都会影响最后的成像质量,因此用 TEM 观察的样品需要处理得很薄,厚度通常为 50~100nm。

(a) 位错[53] (b) 孪晶[54]

图 1-8 马氏体内部结构

利用电子背散射衍射(electron back-scattered diffraction, EBSD)技术可以同时获得织构和取向差、晶粒尺寸及形状分布,以及晶界、亚晶及孪晶界性质、应变和再结晶、相鉴定及相比计算等晶体学信息,并且已经在多种钢类材料的测试中得到应用[55-58]。马氏体钢是最具代表性的热作模具钢之一,但目前有关其马氏体的晶体结构、形态和宏观力学性能之间的关系依然没有得到系统的彻底研究[59-61]。在硬态切削过程中,复杂的边界条件包括高应变率、应力状态以及局部机械-热物理场耦合等,会使切削亚表层的显微组织发生演变。考虑到马氏体钢内部存在的多尺度层级结构,应用 EBSD 技术不仅可以定量测量不同尺寸晶粒的分布情况,还可以获得各种取向晶粒在样品中的比例以及各种晶体取向在显微组织中的分布规律。因此,EBSD 技术是测量切削亚表层晶粒尺寸、确定晶体取向和取向关系最为有效的技术手段。

1.2.3 切削变形区显微组织动态演变机理

为了揭示切削变形区的形成机理,国内外研究人员针对不同的金属材料切削变形区显微组织演变机理开展了大量的实验研究。1987 年,Griffiths[62]通过梳理前人对不同材料成形加工过程中白层成因的研究结果，将白层的形成机理分为三类：①急剧升温和冷却淬火导致的相变；②已加工表面发生了化学反应；③塑性变形造成的晶粒细化。另外，他还指出压力、应变率和冷却速率也可能是导致白层形成的因素。Liao 等[63]借助透射菊池衍射(transmission Kikuchi diffraction, TKD)晶体取向技术、TEM 和电子探针显微分析技术(electron probe microanalysis, EPMA)研究了镍基超级合金 S135H 切削亚表层中晶粒的细化机理，基于实验观测结果，将细化晶粒的形成过程分为三个阶段：①切削引起的高应变和高应变率首先会造成位错的增殖和塞积，然后不断吸收晶体结构中存在的位错缺陷形成位错缠结和胞壁，进而在母相晶粒 γ 中形成位错胞；②随着应变和应变率的不断增大，同时为了释放储存的能量，位错胞吸收周围位错缺陷进一步发展形成亚晶或原始晶核，这个阶段处于动态回复主导的晶粒演变过程；③当切削温度达到最大值时，第二和第三沉积相 γ' 会完全溶解，而主相 γ' 部分溶解并且促进了 γ/γ' 相中原子核的扩散，同时第二阶段形成的亚晶结构会吸收周围位错形成原始晶核，伴随大量的位错湮灭和重排，原始晶核长大形成完整的具有大角度晶界的动态再结晶晶粒。

Raof 等[64]对干硬切削和深冷切削条件下获得的 AISI 4340 钢亚表层进行了 SEM 观察，发现直径大约为 200nm 的白色球状晶粒在两种切削条件下都存在，但是形成机理不同。他们认为在干硬切削条件下，球形纳米晶粒的形成与切削高温导致的奥氏体相变和冷却时的马氏体相变有关，而深冷条件下纳米晶粒的形成是由于析出的碳化物进入马氏体晶粒内部而引起的晶粒细化。通过 TEM 的亮场和暗场分析，Zhang 等[49]发现 AISI 52100 钢硬态车削所形成的白层和暗层中的晶粒尺寸都是纳米尺度，认为白层中出现纳米晶粒是相变和塑性变形耦合作用的结果，而暗层中观察到的晶粒细化是高温回火和塑性变形(动态回复和动态再结晶)的结果。M'Saoubi 和 Ryde[65]分别对具有不同相组成的 AISI 316L 奥氏体不锈钢、SAF2205 钢(奥氏体-铁素体)和 16MnCr5S 钢(铁素体-珠光体)的切削亚表层进行了 EBSD 分析，通过菊池衍射衬带图可以看出切削亚表层中小角度晶界的分布密度明显增加，而出现在亚表层的小角度晶界并没有在基体中出现。同样，Xiong 等[66]利用 EBSD 晶界表征技术在 Fe-Si 基钢的切削亚表层观察到小角度晶界密度的急剧上升。Nagashima 等[67]以纯铁作为研究对象，对试样切削后进行不同时长的退火处理，获得具有不同尺寸的动态再结晶晶粒，并指出切削完全可以作为一种获得超细晶粒结构的手段。Bosheh 和 Mativenga[68]借助 X 射线能谱仪(energy dispersive X-ray, EDX)和电子微探针(electron microprobe, EMP)分析了车削淬硬 H13 钢(54～56 HRC)表面白层的化学元素分布，发现白层内部碳元素含量增加以及氧元素因为氧化作用发生富集现象，同时伴有铁元素和铬元素的消失，但是没有对白层的形成机理做进一步的探究。Zhang 等[69]通过对 H13 钢硬态铣削表面形成的白层进行分析，认为塑性变形诱导形成的细化回火马氏体和碳化物是白层的主要显微组织结构，与奥氏体相变无关，与热载荷相比机械载荷在白层的形成过程中占主导地位。

可以看出，目前关于切削变形区显微组织演变机理的研究主要存在两方面问题：一方面，对于不同材料切削变形区的显微组织演变机理的研究结论不一；另一方面，关于 H13 钢硬态切削变形区显微组织演变的机理也没有统一的定论，缺乏系统性研究成果。作为目前为数不多的可以实现硬态切削的金属材料之一，与连续性的车削和采用冷却液辅助的切削方式不同，H13 钢硬态铣削(断续)变形区显微组织演变机理尚需深入分析阐释。

1.2.4　切削过程中的材料相变仿真

硬态切削过程中涉及的机械载荷、热载荷和能量转换的高度耦合行为属于典型的非线性问题。硬态切削过程中，切屑和亚表层材料会发生剧烈的塑性变形，同时在极短时间内吸收大量的能量，导致刀具-切屑和刀具-工件界面的温度以接近 $10^4℃/s$ 的速率瞬间升高，形成很大的温度梯度。因此，在这种极端环境下，硬态切削切屑和亚表层的显微组织演变行为变得十分复杂，产生如晶粒扭曲、动态回复/再结晶以及相变等现象。许多研究结果表明，淬硬钢切削过程中，切削表面温度会超过材料的相变温度而造成不同相之间发生转变，如马氏体 α 相向奥氏体 γ 相的转变；当工件处于冷却阶段时，又会发生相的逆转变或分解，如奥氏体向淬火马氏体的转变。

目前，对于硬态切削过程中相变的研究主要有实验分析和有限元仿真。Hosseini 等[70]通过 XRD 物相表征技术分别测量了热诱导和塑性变形诱导 AISI 52100 钢硬态车削白层中残余奥氏体的含量，发现热诱导形成的白层中残余奥氏体的体积分数要高于塑性变形诱导形成的白层中残余奥氏体的体积分数。与 AISI 52100 钢基体中奥氏体体积分数约为 11%相比，Chou 和 Evans[71]同样利用 XRD 技术对白层中的奥氏体体积分数进行测定，结果表明在厚度约为 10 μm 的白层中残余奥氏体体积分数增加至 33%。以切削速度(v_c)和刀具后刀面平均磨损带宽度(VB)作为变量，Han 等[72]研究了硬态切削 AISI 1045 退火钢相变白层的形成机理，不同切削条件下形成的白层中均有残余奥氏体的存在(图 1-9)，并且通过实验发现当切削温度低于奥氏体理论相变温度时仍然会形成白层，分析认为剧烈的塑性变形是奥氏体理论相变温度降低的原因。Barry 和 Byrne[73]通过选区电子衍射(selected-area electron diffraction, SAED)图像表明在淬硬钢 BS 817M40 和低合金工具钢的硬态切削白层中有残余奥氏体存在，证实切削过程中发生了相变。通过分析已有研究成果可以发现，迄今关于 H13 钢的硬态切削相变研究不多；绝大部分的硬态切削集中于连续性的车削，而针对硬态铣削的成果则乏善可陈。

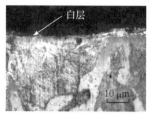
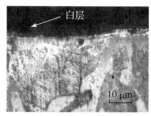
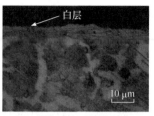

(a) v_c= 100m/min, VB=0.1mm　　(b) v_c=200m/min, VB=0.1mm　　(c) v_c=200m/min, VB=0.26mm

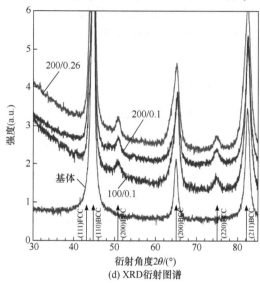

(d) XRD衍射图谱

图 1-9　AISI 1045 钢切削过程中的白层与 XRD 相组成衍射分析[72]

　　为了更好地理解硬态切削切屑和亚表层的显微组织演变行为，探究切削过程中相变的发生机理，许多学者通过构建相变预测模型并借助有限元仿真软件(如 Abaqus、Deform、AdvantEdge 等)进行切削相变的模拟仿真。Ding 和 Shin[74]基于相变动力学建立了切削相变理论模型，借助 Abaqus/Explicit 有限元仿真软件建立了热-力-相变耦合的 AISI 4340 钢切削仿真模型，实现了铁素体、珠光体在切削高温条件下分别向珠光体、奥氏体转变的动态预测，通过对比分析仿真结果可知，切屑中仅有刀具-切屑接触区发生了相变(图 1-10)，然而并没有对相组成及相变体积分数进行实验验证。Duan 等[75]将合金元素、应力和应变因素加以考虑对奥氏体理论相变温度方程进行了修正，通过提取有限元仿真输出的应变能和应力值计算奥氏体相变温度，并与有限元温度场结果进行对比，以相变温度作为评价白层的形成条件建立了预测白层厚度的模型。Kaynak 等[76]建立了 NiTi 记忆合金切削过程中奥氏体向马氏体转变的唯象理论模型，通过 FORTRAN 语言编写用户自定义子程序并嵌入有限元仿真软件 2D-DEFORM 中进行模拟预测，指出切削速度越高生成的马氏体含量越少。综合现有的切削相变预测模型，Schulze 等[77]

将其分为三类，即时间-相变温度预测模型、应力-应变诱导相变预测模型和温度-应力-应变耦合效应相变预测模型，并通过对比有限元仿真值和实验结果证实了三种相变预测模型的准确性。此外，在高速切削钛合金过程中，Wang 等[78]指出 α-Ti 向 β-Ti 的转变属于非扩散型马氏体相变，可以通过 Avrami 方程描述切削过程中的温升致相变现象。以切削温度作为评定相变是否发生的决定因素，Zhang 等[79]仅以切削温度是否达到临界相变温度作为衡量相变发生的判定标准，通过有限元仿真切削温度场分布，探究了钛合金锯齿状切屑形成过程中绝热剪切带内发生的相变行为，但是他同样缺少实验验证，并且忽略了切削过程中的高应力、高应变和高应变率等影响因素，其结果必然存在一定的预测误差。

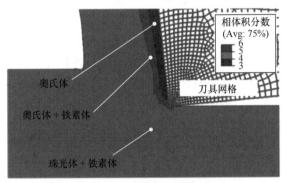

图 1-10 相变仿真结果[74]

硬态切削是一个高温、高应变和高应变率的"三高"过程，这说明淬硬钢硬态切削过程中发生的相变行为属于热、塑性变形和固态相变三个因素耦合下的物理过程，如图 1-11 所示。目前，关于淬硬钢的相变预测大多集中在拉伸变形、高温淬火、退火等工艺[80-82]。由上述分析可知，现有的相变模型无法完整描述硬态切削过程中淬硬钢可能出现的相变行为。只有将机械-热-显微组织多场综合作用综合考虑，才可以提高淬硬钢硬态切削过程中相变模型的适应性，克服基于单一物理因素的相变模型的不足。

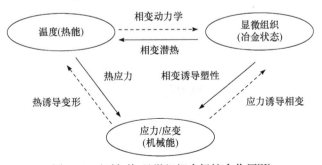

图 1-11 机械-热-显微组织多场综合作用[83]

1.2.5 切削过程中的材料晶粒细化仿真

近年来，关于细晶结构的金属材料的研究受到了众多学者的关注，这是因为通过不同的工艺技术实现晶粒细化可以显著改善机械加工零件的屈服强度、延展性和断裂韧性等力学性能[84-86]。目前，研究人员主要通过塑性变形工艺来获得晶粒尺寸为微米或纳米尺度的材料，如等通道转角、高压扭转和冷轧等方式。与上述工艺类似，切削技术同样会使工件亚表层材料发生剧烈的塑性变形，诱发原始基体中的粗大晶粒发生细化。虽然可以借助先进的表征手段对切削亚表层显微组织如晶粒尺寸等进行定量描述，但是制作金相观察试样需要消耗大量的时间和精力，同时会破坏已加工工件，造成物力的浪费。

切削亚表层晶粒尺寸作为衡量显微组织演变最重要的指标之一，与切削过程中的物理量如温度场、应变场和应变率等因素密切相关。通过建立晶粒尺寸与切削过程物理量的关系表达式，借助有限元仿真软件为用户预留的二次开发接口开发基于动态再结晶机制的用户自定义子程序，然后将其嵌入切削仿真模型中，使有限元软件实现对切削过程中亚表层晶粒尺寸的动态模拟与实时仿真。作为切削领域的热点问题，塑性变形会造成金属内部显微组织结构的变化，其变形尺度横跨 5 个等级[87]，如图 1-12 所示，目前的研究尺度最小可到 $10^{-7} \sim 10^{-8}\text{m}$ 级别。目前用于预测切削过程中晶粒尺寸演变的显微组织模型主要有三类：①基于 Zener-Hollomon(Z-H)方程的半经验模型；②基于动态再结晶的 Johnson-Mehl-Avrami-Kolmogorov(JMAK)模型；③基于位错密度演变的 Kocks-Mecking(K-M)模型。围绕切削过程中晶粒尺寸的演变，国内外许多学者也已经开展了较为深入的研究。

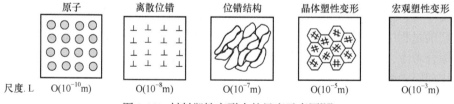

| 原子 | 离散位错 | 位错结构 | 晶体塑性变形 | 宏观塑性变形 |

尺度.L　　　$O(10^{-10}\text{m})$　　　$O(10^{-8}\text{m})$　　　$O(10^{-7}\text{m})$　　　$O(10^{-5}\text{m})$　　　$O(10^{-3}\text{m})$

图 1-12　材料塑性变形中的尺度示意图[87]

Rotella 等[88]将 Z-H 方程以用户自定义子程序的方式嵌入 AA7075-T651 铝合金的车削仿真模型中，以发生动态再结晶时的临界应变作为判定条件，对切削亚表层的动态再结晶晶粒尺寸进行模拟仿真，预测值与实验结果具有较好的一致性。随后，Rotella 和 Umbrello[89]又将该经验模型用于 Ti-6Al-4V 钛合金在干切削和深冷切削条件下的晶粒尺寸与显微硬度的预测(图 1-13)，实验结果同样证实了模型的适用性，并且发现与干切削条件相比，深冷切削条件下的晶粒尺寸偏小，硬度值更高。Jafarian 等[90,91]和 Pu 等[92]则将基于 Z-H 方程的显微模型分别用于镍基高温合金 Inconel 718 和镁合金 AZ31B 的切削亚表层晶粒尺寸的仿真预测，并分别通过切削实验验证了模型的准确性和有效性。

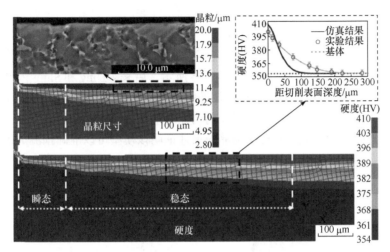

图 1-13 利用经验模型预测 Ti-6Al-4V 切削晶粒尺寸和硬度[89]

JMAK 模型，又称 Avrami 模型，描述了动态再结晶体积分数和晶粒尺寸与切削过程中温度、应变和应变率物理量之间的内在联系。Özel 和 Arısoy[93,94]先后将 JMAK 模型用于镍基合金 Inconel 100(图 1-14)和钛合金 Ti-6Al-4V 的切削亚表层晶粒尺寸仿真预测。Mondelin 等[95]首先通过动态压缩实验确定了 15-5PH 马氏体钢发生动态再结晶的初始条件，晶粒的演变行为则由 JMAK 模型进行描述，继而结合 SEM 和 EBSD 分析结果，证明了发生在切削亚表层中的动态再结晶行为。

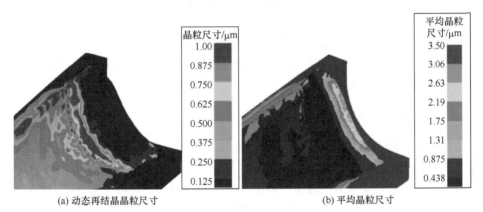

(a) 动态再结晶晶粒尺寸   (b) 平均晶粒尺寸

图 1-14 基于 JMAK 模型的 Inconel 100 切削亚表层尺寸预测[93]

为了揭示显微组织演变与物理场之间的关系，研究人员提出了基于位错密度的预测晶粒尺寸演变的物理模型，该模型最初用于预测材料大应变成形过程中的晶粒尺寸变化[96-98]，后来被修正用于金属切削过程中的晶粒尺寸预测。采用位错密度材料模型的前提是假设切削行为引起的塑性变形会诱导位错胞在切削亚表层内的形成。Ding 等[99]修正了位错密度的显微组织预测模型并将基于该模型开发的用户自定义子程序嵌入正交切削铝合金 Al6061-T6 和 OFHC Cu 的仿真模型中，切削变形区的晶粒细化仿真结果如图 1-15 所示。后来，Ding 和 Shin[100,101]分别在 AdvantEdge 和 Abaqus/Explicit 仿真软件中建立了 AISI 52100 钢的三维车削仿真模型和纯钛的二维车削模型，并对先前构建的基于位错密度的显微组织预测模型进行了参数修正和校准，对比实测晶粒尺寸证明该模型可以准确预测 AISI 52100 钢和纯钛切削变形区的晶粒尺寸变化。

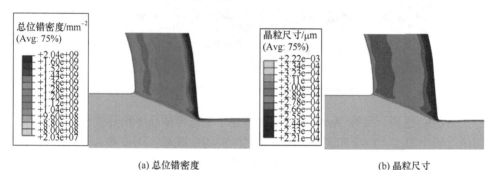

(a) 总位错密度　　　　　　　　　　　　　　　　　(b) 晶粒尺寸

图 1-15　基于位错模型预测无氧高导铜总位错密度和晶粒尺寸[99]

　　分析现有的研究不难看出，用于预测晶粒尺寸演变的显微组织预测模型总体上较好地反映了切削过程物理量和晶粒尺寸之间的数学关系，并且通过校准或修正之后的模型表现出较好的适应性和较高的预测精度，完全可以用于描述不同金属切削过程中显微组织的演变行为。然而，在上述三个显微组织预测模型中，JMAK 模型和基于位错密度的预测模型方程更为复杂，需要确定的参数众多，难度较高。相比而言，基于 Z-H 方程的模型相对简洁，待确定参数少，通用性更好，材料的适用范围相对更广泛。

1.2.6　切削表面层材料的宏观力学性能

　　在硬态切削过程中，亚表层材料产生的严重塑性变形和刀具-工件之间的剧烈摩擦会引起切削表面温度的急剧升高，与高应变率和压力场等物理因素的耦合效应最终会引起切削亚表层显微组织的演变。众所周知，材料在宏观尺度上表现出的力学性能往往是材料显微组织结构在微观尺度上的体现，如硬度[102-104]、屈服强度[102,104]、抗拉强度[102,105,106]和断裂韧性[104]等。因此，切削表面层材料的力学性能势必会与原始基体的固有力学性能存在差异，而造成零部件疲劳失效的裂纹往往又起源于工件表面或亚表层，这就需要研究人员借助有效的实验测试手段对切削工件的表面层力学性能进行有效量化评定。对于材料硬度变化的测量，通常使用显微硬度计或纳米压痕仪等设备。Xavior 等[107]使用维氏显微硬度计测得镍基合金 Inconel 718 的硬度沿铣削表面深度方向逐渐下降，然而 Touazine 等[108]却发现镍基合金亚表层硬度变化趋势呈现先减小后逐渐增大直至达到原始基体的硬度，变化曲线类似"钓钩"状，切削亚表层由硬化层和热软化层两部分组成，因此实测显微硬度的变化趋势并非一直缓慢下降。Wang 等[103]对淬硬 H13 钢铣削后的表面层显微硬度进行测量，铣削表面的硬度值最高超过了 460HV，然后随着深度的增加而逐渐减小，基体硬度为 360HV。以切削表面硬度作为响应值，Lu 等[109]以及 Sharan 和 Patel[110]分别采用响应曲面法和正交实验法对镍基合金 Inconel 718 和 AISI 4140 钢切削后的表面层硬度值进行切削参数显著性分析和参数优化，结果表明切削速度和切削深度对镍基合金 Inconel 718 和 AISI 4140 钢切削表面层硬度值变化影响显著。实际上，硬度的变化与晶粒尺寸的演变密切相关，随着晶粒尺寸减小，材料的硬度反而提高，称为 Hall-Petch(H-P)硬化效应。基于此，部分学者将 Z-H 方程和 H-P 方程结合使用，汇编为用户子程序嵌入切削仿真模型，对晶粒细化引起的切削表面层硬度变化进行模拟预测[88-92]。

作为评价材料力学性能的一项重要指标，相关研究表明硬度与其他力学性能指标之间存在着相关性，如硬度与屈服强度、抗拉强度、断裂韧性、弹性模量之间的等效换算关系等[106,108,111,112]。得益于自动球压痕(automatic ball indentation, ABI)技术在微区材料力学性能评价方面体现出的优点，目前该技术被研究人员广泛应用于合金钢、钛合金、镍基合金、铝合金和焊接材料等力学性能的测试。通过 ABI 测试，可以获得材料微观尺度范围内的屈服强度、最大抗拉强度、硬度和真实应力-应变曲线等参数。1999 年，Murty 等[113]为了获得 SA-533B 钢焊接件不同区域(基体、热影响区和焊材)的材料力学性能，采用 ABI 技术对三个区域的力学性能进行实验测试，分析结果表明热影响区材料的屈服强度和抗拉强度呈现出的梯度变化与奥氏体相变程度存在一致的关联性，越靠近熔合线，温度越高，奥氏体化程度越高，材料的强度值越大。后来，Chung 等[114]和 Das 等[115]也借助 ABI 技术分别对两相钢 DP590 和铸铁不锈钢焊接区的材料力学性能变化进行了测量评定。基于 Murty 等的研究发现，ABI 技术可以作为评价微小区域内因材料显微组织演变引起的力学性能变化的一种有效手段。Ammar 等[116]利用 ABI 技术对经过 3h 和 6h 铣削时长的 Al-Cu-Ti 合金试样以及在 200℃和 400℃高温条件下铣削 6h 的试样分别进行压入测试，对比分析获得的真实应力-应变曲线、屈服强度、拉伸强度和布氏硬度等参数，证明了 ABI 技术在评价微小区域内材料性能的可行性。为了评价不同铣削参数对铁基超级合金 Incoloy A286 表面层力学性能的影响，Liu 等[117]同样利用 ABI 技术进行连续加卸载实验获得了表面层材料的屈服强度，并且基于连续损伤力学理论估算了材料的断裂韧度，指出铣削表面层材料的屈服强度与加工硬化存在正相关关系，而断裂韧性与晶粒细化和加工硬化的形成机理有关。于鑫等[118]采用应力-应变显微探测系统对 7050-T7451 铝合金的铣削表面进行了 ABI 测试，通过分析实验得到的应力-应变关系建立了铣削表面层材料的本构模型方程。与众多的关于切削加工硬化的研究成果相比，有关切削表面层材料的其他重要力学指标的研究，如屈服强度、抗拉强度、断裂韧性、应变硬化指数等还比较缺乏，相关成果屈指可数。

1.2.7　切削工艺参数优化

切削亚表层显微组织的变化，造成表面层材料的力学性能与基体材料不同，具有高硬度[119]、高脆性[120]和高残余应力值[121]的特点。钻削研究表明[122]，与无白层形成的工件疲劳寿命相比，出现白层的工件的疲劳寿命降低为原来的 1/30，其原因在于白层的形成会加速裂纹在零件表面的萌生、增殖和扩展。因此，如何有效控制和防止亚表层在硬态切削过程中的形成对延长零件的使用寿命意义显著。相关研究表明[123-125]，亚表层的形成与零件材料特性、刀具材料特性(包括涂层材料)、刀具结构和几何参数、切削参数、冷却润滑方式及参数等密切相关。

因此，通过开展切削参数包括刀具结构对切削亚表层显微组织演变的优化研究，可以为实际硬态切削工艺参数和刀具几何结构的选择提供参考依据，有助于调控切削表面层质量，实现形性协同的零件抗疲劳制造。目前，用于切削参数优化的方法不一，包括多元回归法、灰度关联分析法、最优回归子集法和响应曲面法等。Jafarian 等[126]使用人工神经网络、多目标优化和有限元分析的混合方法，以硬态车削 H13 钢过程中的热载荷和机械载荷为优化目标，若使机械载荷和热载荷同时获得最优解，则每齿进给量需保持在最小值。另外，还发现当切削速度、刀具前角、倒棱宽度和倒棱角度分别为 156～215m/min、0°～15°、0.1～0.021mm 和 15°～30°时，任何一个变量的增大都会引起机械载荷的改善和热载荷的加剧。Zhang 和 Guo[127]利用 Taguchi 方法对 H13 钢的硬态铣削参数进行了优化，可以同时实现进给方向粗糙度 R_a<0.1μm 和径向切削深度方向粗糙度 R_a<0.15μm，使得硬态铣削具有完全或部分替代磨削实现精加工的可能性。Mia 等[13]也使用基于 Taguchi 信噪比的方法对微量润滑(minimal quantity lubrication, MQL)辅助硬态切削 AISI 1040 钢参数进行优化。以精车 H13 钢表面粗糙度、切削力和切削刃温度等指标作为优化目标，Kumar 和 Chauhan[128]通过响应曲面法进行多元回归得到了最优切削参数组合，当切削速度为 149.99m/min、每齿进给量为 0.06mm、切削深度为 0.05mm 和工件硬度为 45HRC 时，表面粗糙度 R_a 为 0.405μm，切削力和进给力分别为 29.12N 和 44.00N，切削刃温度为 463.01℃。Sivaiah 和 Chakradhar[129]将灰度关联分析用于 17-4 PH 钢粗车工艺参数的多目标优化，结果

表明使用优化参数组合可以将表面粗糙度值和后刀面磨损率分别降低 30.55% 和 25%。Hioki 等[130]基于方差分析开展了 H13 钢铣削参数对表面完整性(粗糙度、表面层硬度、残余应力和白层厚度)的影响显著性研究,结果表明表面纹理和表面粗糙度主要取决于每齿进给量和轴向切削深度,增大径向切削深度或减小每齿进给量会诱导白层厚度和表面层显微硬度增加,提高切削速度可以降低残余应力水平。同时,该研究还指出,即使使用新刀具进行切削也会引起亚表层显微组织发生变化。可以看出,一方面,切削参数优化可以显著改善切削质量、减缓刀具磨损;另一方面,目前依然缺少针对基于宏观力学性能的亚表层厚度系统开展硬态切削参数优化的研究。

1.3 本 章 小 结

硬态切削过程中所呈现的高温、高应变和高应变率的“三高”特征使得切削变形区的材料极易发生显微组织的演变,引起被加工工件的切削表面层材料宏观力学性能的变化,最终影响零部件的使役性能和疲劳寿命。迄今,国内外已有研究大多集中于硬态切削过程中的表面几何形貌、切屑形成和切削力以及刀具磨损等方面,而关于切削表面层质量,特别是多物理场耦合作用下切削变形区显微组织演变及其宏观力学性能的研究还比较少。此外,对于具有多尺度层级显微结构的马氏体 H13 钢,缺少有关切削亚表层显微组织演变机理的深入研究和阐释。因此,针对 H13 钢硬态切削过程中的变形区显微组织演变及力学性能,以下问题值得研究。

(1) H13 钢硬态切削变形区显微组织演变机理。现有关于硬态切削亚表层材料晶粒细化机理的研究大多集中在连续性车削加工,其热载荷在稳定车削状态一直处于最大值,并且不同的研究给出的结论也不统一。温度是硬态切削过程中影响显微组织演变的主要因素之一。在断续的硬态铣削过程中,温度载荷表现为循环加卸载(升温-冷却重复循环),缺少在此种机械-热耦合条件下关于切削亚表层显微组织演变机理的研究。

(2) H13 钢硬态切削过程中的机械-热-显微组织预测模型。硬态切削过程中显微组织演变(相变或动态再结晶)不仅与切削温度密切相关,而且同样受到应力、应变、应变率和温升/冷却速率等因素的影响,形成了一个机械-热-显微组织多场综合作用体系。目前大部分相变模型尚未将切削过程中的大应变、高应力和高应变率等因素考虑在内,无法准确地描述硬态切削过程中的相变行为。同时缺少有关描述 H13 钢硬态切削亚表层动态再结晶行为的模型,现有模型主要应用于钛合金和镍基合金等材料的切削过程,无法满足要求。

(3) 硬态切削表面层材料宏观力学性能定量评价。根据显微组织-宏观力学性能之间的映射关系，硬态切削亚表层厚度和显微组织演变状态的不同必然会引起切削工件表面层材料宏观力学性能的差异，而有关量化分析不同工艺参数下硬态切削亚表层显微组织对表面层宏观力学性能(屈服强度、抗拉强度、应变硬化因子和断裂韧性等)的研究尚无定论。因此，非常有必要专门对此开展研究，从而为实现形性协同的高效硬态切削技术提供数据支持。

本书以 H13 钢硬态切削工艺为主要研究对象，通过理论建模、有限元仿真和实验验证三者相结合的手段，对 H13 钢硬态切削过程中机械-热-显微组织多场综合作用下切削区显微组织演变规律、演变机理和表面层宏观力学性能以及工艺参数优化开展研究。通过开展上述研究，力争实现硬态切削由"控形制造"向"控形控性制造"的转变，促进硬态切削技术在机械制造行业的进一步推广应用。

第 2 章　H13 钢硬态切削实验及切削仿真模型

利用有限元法(finite element method, FEM)对切削过程进行建模仿真，不仅可以极大地减少开展切削实验所造成的时间消耗和成本支出，而且有助于揭示切削过程中难以实时、直接观测的物理现象，帮助研究人员更好地阐释材料的变形行为和表面层形成机理。因此，针对硬态切削过程中出现的机械-热载荷高度非线性耦合现象，本章通过对 H13 钢硬态切削过程进行建模仿真，研究切削过程中切屑形成、切削力和切削温度分布规律，并利用硬态切削实验得到的切屑几何特征参数、切削力和切削温度对切削仿真模型进行验证，确定本构方程参数，为下一步实现机械-热-显微组织多场综合作用条件下的相变/动态再结晶仿真提供支持。

2.1　H13 钢硬态切削实验

1. 材料、机床和刀具

硬态切削实验选用同批次的 H13 钢，利用线切割技术将 H13 钢板材分割为 100mm×100mm×40mm 的长方块。硬态切削实验前，去除材料表面的氧化皮，保证切削加工表面的平整性。

硬态切削实验在 DAEWOO ACE-V500 立式加工中心上进行，立式加工中心的主要参数为：主轴转速 80～10000r/min，进给速度 1～8000mm/min，定位精度±0.005mm，重复定位精度±0.002mm，X 轴、Y 轴和 Z 轴的行程分别为 1020mm、500mm 和 510mm。

刀片为可转位 WC/Co 硬质合金涂层刀片(XOMX090308TR-M08 MP1500)，涂层材料为 Ti(C, N)-Al$_2$O$_3$。通过锁紧螺钉将切削刀片机械式地装夹到对应型号的刀杆(R217.69-2020.0-09-3AN)上，刀杆直径为 20mm，装夹后的刀具前角为+10°，后角为+15°。为了获得具有不同刃口钝圆半径的切削刀片，利用毛刷抛光机对切削刃进行研磨处理，并借助激光共聚焦显微镜(KEYENCE VK-X100，日本)对刃口钝圆半径进行测量，测量过程如图 2-1 所示。为了避免刀具磨损对实验结果的影响，每组实验均换用全新刀片，一次仅装夹一个刀片。

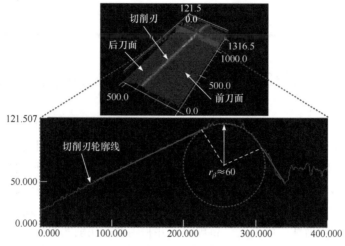

图 2-1　刀具刃口钝圆半径测量(单位：μm)

2. 实验设计

以切削速度(v_c)、每齿进给量(f_z)、径向切削深度(a_e)和刀具刃口钝圆半径(r_β)为实验变量，同时考虑到后续二维切削仿真建模的可行性，以轴向切削深度(a_p)为不变量设计单因素 H13 钢硬态切削实验，如表 2-1 所示。

表 2-1　H13 钢硬态切削单因素实验设计方案

实验编号	v_c/(m/min)	f_z/mm	a_e/mm	r_β/μm
E01	200	0.20	2.0	10
E02	250	0.20	2.0	10
E03	300	0.20	2.0	10
E04	350	0.20	2.0	10
E05	400	0.20	2.0	10
E06	300	0.10	2.0	10
E07	300	0.15	2.0	10
E08	300	0.20	2.0	10
E09	300	0.25	2.0	10
E10	300	0.30	2.0	10
E11	300	0.20	1.0	10
E12	300	0.20	1.5	10
E13	300	0.20	2.0	10
E14	300	0.20	2.5	10
E15	300	0.20	3.0	10
E16	300	0.20	2.0	30
E17	300	0.20	2.0	40
E18	300	0.20	2.0	45

续表

实验编号	v_c/(m/min)	f_z/mm	a_e/mm	r_β/μm
E19	300	0.20	2.0	55
E20	300	0.20	2.0	60

3. 实验步骤

所有硬态切削实验均采用顺铣方式，有利于延长刀具寿命及减缓切出时刀具的振动和积屑瘤脱落造成的加工表面缺陷。切削过程中不使用任何形式的切削液。通过放置于工作台的平板收集切屑，为了避免与下一组实验获得的切屑掺杂，每一组实验完成后使用清洁刷对工作台进行清洁，将所有收集到的切屑进行单独包装。根据金相试样测试标准和要求，利用金相热镶嵌机和热电木粉对收集的切屑分别制作横断面镶嵌试样，然后依次用粒度为 P600、P1200 和 P2000 的碳化硅水磨砂纸对切屑镶嵌试样进行打磨，并依次使用粒度为 5μm、3μm 和 1.5μm 的金刚石悬浮液抛光剂在丝绒布表面抛光至镜面程度，接着用 5mL 硝酸和 95mL 酒精混合而成的溶液对试样进行约 30s 的腐蚀处理并干燥，最后放到场发射扫描电子显微镜(FEI QUANTA FEG250，美国)下进行切屑形貌特征观察。采用压电式测力仪(Kistler 9257B，瑞士)记录不同切削条件下三个方向(X、Y 和 Z 方向)的切削力大小，采样频率为 20000Hz。通过螺栓将工件与测力仪紧密固定在一起，然后借助夹具将测力仪固定到工作台上。由于切削过程的复杂性，对切削区域温度的精确测量依然面临诸多困难[131,132]。本书采用切削温度测量方法中应用最广泛且易于操作的铠装热电偶法对硬态切削表面瞬时切削温度进行记录分析，如图 2-2 所示。

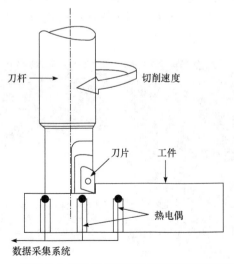

图 2-2　铠装热电偶法测量硬态切削表面瞬时切削温度

　　为了便于埋置热电偶，使用电火花加工工艺从试件的底部进行深孔加工，并通过尺寸测量保证深孔底部与待加工表面的距离(小于2.0 mm)，为了确保得到有效的切削表面瞬时温度随时间的变化规律，每组实验条件加工六个热电偶埋置孔，并将埋置孔内填充液体胶对热电偶进行固定并与外部环境隔绝。硬态切削实验场景如图 2-3 所示。

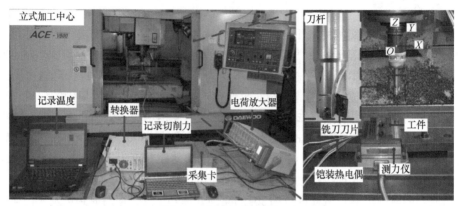

图 2-3　硬态切削实验场景

2.2　切　屑　形　貌

　　选取其中 9 组实验数据进行分析，包含四个切削变量的最大值和最小值，如图 2-4 所示。通过对比不同切削条件下切屑形貌特征可知，在所有的切削条件下，实验获得的切屑类型均是锯齿状切屑，同时可以明显观测到绝热剪切带的存在。如图 2-4(c)所示，通常情况下，用于描述锯齿状切屑特征的几何参数主要包括齿峰高 H、齿底高 h 和齿距 S。

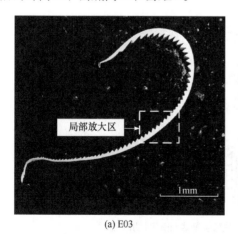

(a) E03　　　　　　　　　　　　　　　(b) E01

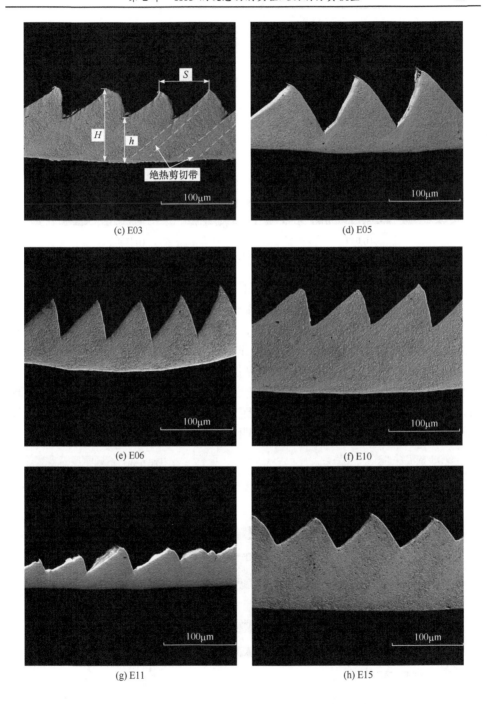

(c) E03

(d) E05

(e) E06

(f) E10

(g) E11

(h) E15

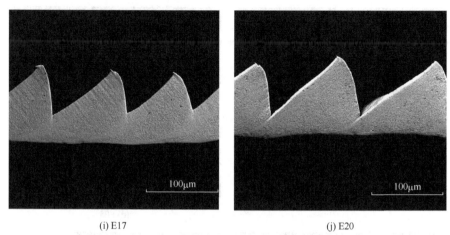

(i) E17　　　　　　　　　　　　　　　　　　(j) E20

图 2-4　不同实验条件下的切屑形貌

　　图 2-5 为 SEM 下不同区域和视角下观测到的锯齿状切屑形貌特征。通过观察可以发现，绝热剪切带和刀具-切屑接触区的显微组织发生了明显的变化，原始的母相奥氏体的晶粒边界已无法辨别，显微组织变得非常致密且呈现出纤维状的条纹，称为纤维组织，而纤维组织的分布方向即金属流变延伸的方向。由于刀具-切屑接触区的材料受到严重的滑动摩擦作用，变形程度更加剧烈，显微组织特征近乎表现为非晶结构，极易导致此变形区的材料发生相变或动态再结晶现象。切屑的自由表面可以看到近乎等间距规律分布的锯齿节，切屑的底面可以看到切屑流动过程中与前刀面摩擦产生的明显摩擦划痕。

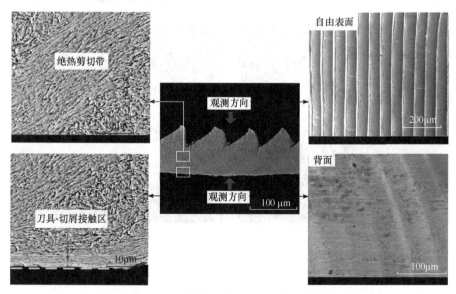

图 2-5　切屑形貌特征 SEM 图像分析

2.3　切削力和切削温度

图 2-6 为切削条件 v_c = 300m/min、f_z = 0.2mm、a_e = 2.0mm 时测力仪记录得到的三个方向上的瞬时切削力。显然，X 方向的切削力 F_x 数值最大，约为 1200N，其次是沿 Y 方向的切削力 F_y，约为 590N，切削力最小的方向是沿 Z 轴，约为 420N。由于硬态切削采用顺铣方式，切屑厚度由厚变薄，当刀具切入时切削力迅速增大，随着切削刀具的旋转前进，切屑厚度逐渐变薄直至切出工件，切削力波动减小为零。铣削是一个断续切削过程，随着刀具沿进给方向的前进，将不断重复这一切削过程。

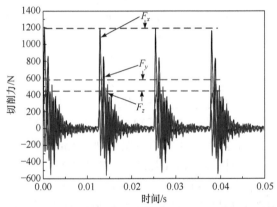

图 2-6　H13 钢硬态切削过程中三个方向上的瞬时切削力

图 2-7 对比分析了不同切削条件下测力仪记录的切削分力最大值。为了减少统计误差的影响，至少选取 20 组切削力数据然后取平均值。由于切削分力 F_x 和 F_y 大于 F_z，所以这里仅对 F_x 和 F_y 进行分析，同时也与下面二维切削仿真在 X 和 Y 方向输出的切削分力相匹配。由图 2-7(a)可知，当切削速度由 200m/min 提高至

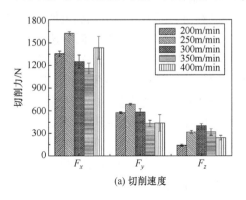

(a) 切削速度

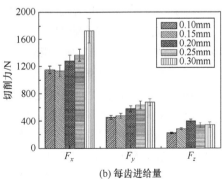

(b) 每齿进给量

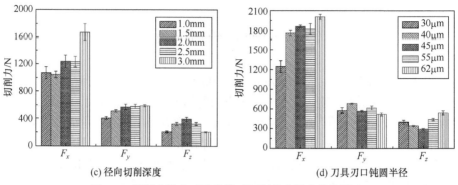

(c) 径向切削深度　　　　　　　　　　　(d) 刀具刃口钝圆半径

图 2-7　切削参数和刀具参数对切削分力最大值的影响

250m/min 时，主切削力同步增大，然而当切削速度继续提高至 350m/min 时，F_x 反而逐渐减小。当切削速度增大到 400m/min 时，切削力 F_x 又开始增大。研究表明[51]，切削温度随着切削速度的提高而逐渐增大，由此产生的材料热软化效应会使切削力呈现减小趋势。值得注意的是，除了切削温度造成的材料热软化行为，切削引起的材料塑性变形也会造成加工硬化。材料热软化与加工硬化行为共同存在于切削过程中而又处于彼此竞争的状态，正因如此，造成了切削力的上升或降低的不稳定性[133]。由图 2-7(b)可知，随着每齿进给量由 0.10mm 增大至 0.15mm，切削力 F_x 略有降低。当每齿进给量由 0.15mm 增大至 0.30mm 时，F_x 一直处于上升状态。通过图 2-7(c)可以看出，F_x 随着径向切削深度的增加总体呈现一直上升趋势。由于刀具钝圆刃口的存在，刀具切削时会产生"犁耕"现象[134,135]，由"犁耕"现象导致的附加切削力称为犁削力。如图 2-7(d)所示，对比使用刃口未钝圆刀具获得的切削力，使用刃口钝圆刀具的切削分力 F_x 要高出约 500N。随着刀具刃口钝圆半径的增大，切削分力 F_x 表现出总体上增大趋势。当刀具刃口钝圆半径为 40～55μm 时，切削力变化趋势较小。

切削温度作为金属切削过程中的重点研究对象之一，对刀具磨损、加工表面完整性和尺寸精度等有显著影响。图 2-8 为任意选取的五组实验条件下测得的 H13 钢硬态切削表面瞬时温度变化曲线。可以看出，当刀具切削到热电偶的瞬间时，工件表面温度从室温陡然上升到较高的温度值(大于 400℃)，温升速率可达 700℃/s，最高接近 1400℃/s。相对而言，冷却速率较小，约为 250℃/s，而采用刃口钝圆刀具的冷却速率则更为缓慢，约为 178℃/s。对于编号为 E05、E10 和 E15 的切削条件，切削表面温度变化为 400～500℃，温度相差不大。但是，当采用刃口钝圆处理的刀具时，切削温度增加非常明显，最高温度超过 600℃。这是因为刃口钝圆附加的"犁耕"效应使得刀具后刀面与切削表面之间的摩擦加剧，同时刃口钝圆导致后刀面与工件的接触时间延长，这也体现在刃口钝圆刀具切削表面温度冷却速率较小。由于产生的摩擦热绝大部分传入工件或刀具，所以最终反映为切削表面的温度上升。

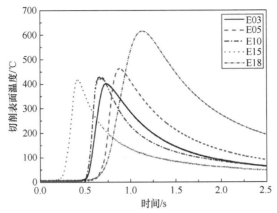

图 2-8　H13 钢硬态切削表面瞬时温度变化曲线

2.4　机械-热耦合载荷下的切削仿真模型

2.4.1　切削仿真模型的等效简化

在铣削过程中，铣刀的主切削刃和副切削刃(底边切削刃)同时参与切削过程。如果主切削刃参与切削的长度远大于副切削刃的切削长度，那么副切削刃的切削效应可以不予考虑[136]。此外，研究表明，由于每齿进给量较小，沿径向方向的切削速度变化很小，使得切削温度沿副切削刃参与切削宽度的温度梯度可以忽略[137]。基于此，可以将三维切削模型简化为二维平面应变模型。实现三维切削几何模型向二维切削几何模型的等效转变，可以极大地减少网格单元的划分数量，缩短计算机服务器的求解时间，从而提高计算效率。为了实现三维铣削向二维切削的转变，需要将三维空间下铣刀的前角 α 和后角 β 转变为二维空间下的有效前角 α_e 和有效后角 β_e，刀具角度转换公式如下[138]：

$$\sin\alpha_e = \sin\eta_c \sin i + \cos\eta_c \cos i \sin\alpha \tag{2-1}$$

$$\sin(1-\beta_e) = \sin\eta_c \sin i + \cos\eta_c \cos i \sin(1-\beta) \tag{2-2}$$

式中，η_c 和 i 分别为切屑流动方向与前刀面切削刃的垂线的夹角和铣刀螺旋角，并且 η_c 与 i 近似相等。

基于此，式(2-1)和式(2-2)可以进一步简化为

$$\sin\alpha_e = \sin^2 i + \cos^2 i \sin\alpha \tag{2-3}$$

$$\sin(1-\beta_e) = \sin^2 i + \cos^2 i \sin(1-\beta) \tag{2-4}$$

在实际切削过程中，刀具的真实运动轨迹是一条次摆线[139]，如图 2-9 所示，其对应的参数方程为

$$\begin{cases} x = \pm r_0\varphi + R_t \sin\varphi \\ y = R_t(1 - \cos\varphi) \end{cases} \tag{2-5}$$

式中，正负号分别指顺铣和逆铣；φ 为刀齿的螺旋角度；R_t 为铣刀半径；r_0 为基圆半径，它可以通过式(2-6)计算得到：

$$r_0 = \frac{f_z z}{2\pi} \tag{2-6}$$

其中，f_z 为每齿进给量(mm)；z 为铣刀齿数。

通过上述等效简化过程，三维铣削过程可以等效转换成二维切削，如图 2-10 所示。

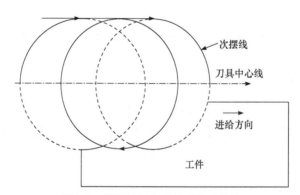

图 2-9　切削过程中刀具的运动轨迹

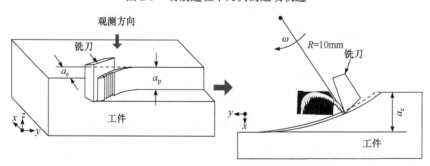

图 2-10　硬态切削三维和二维等效转化示意图

2.4.2　切削仿真模型的建立

图 2-11 为在切削仿真软件 Abaqus/Explicit 中建立的 H13 钢二维切削有限元模型及其边界条件。其中，切削有限元模型的底端和左右两端采用全约束边界，

刀具围绕设定的旋转中心做顺时针旋转运动，限制其在平面内沿水平方向和竖直方向的移动。工件和刀具的初始温度均设置为室温 25℃。由于硬态切削是一个机械-热多物理场高度耦合过程，定义分析步时选择 Dynamics、Temperature-Displacement 类型。定义刀具表面与工件节点集的接触类型为面-面接触，接触类型为动力学接触。据报道[140]，在刀具前刀面与切屑的接触区域可以分为两部分：黏结区和滑移区。在黏结区，认为剪应力为常数，与材料的屈服应力相等；在滑移区，摩擦系数 μ 为常数，满足库仑摩擦定律[141]，如式(2-7)所示。因此，通过库仑摩擦定律来定义刀具-切屑和刀具-工件两个接触对之间的摩擦行为。工件的网格类型采用具有松弛刚度沙漏控制的四节点平面应变温度-位移耦合的四节点减缩积分单元类型 CPE4RT。由于切削过程中不考虑刀具的塑性变形，假设刀具为刚体，单元类型采用三节点平面应变温度-位移耦合的三节点积分单元类型 CPE3T。为了更好地捕捉切削场变量在切削表面层的梯度分布情况，对切削表面层进行网格细化处理，如图 2-11 中的局部放大图所示。表 2-2 列出了 H13 钢的热物理学特性。

$$\tau = \begin{cases} \mu\sigma, & \mu\sigma_{\mathrm{n}} < \tau_{\mathrm{crit}} \quad (\text{滑移区}) \\ \tau_{\mathrm{crit}}, & \mu\sigma_{\mathrm{n}} \geqslant \tau_{\mathrm{crit}} \quad (\text{黏结区}) \end{cases} \tag{2-7}$$

式中，τ_{crit} 为剪应力；τ 为摩擦应力；σ_{n} 为法向应力。

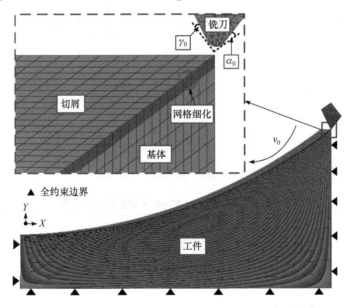

图 2-11　H13 钢二维切削有限元模型及其边界条件

表 2-2　H13 钢的热物理学特性

热膨胀系数		热导率		比热容	
$T/℃$	$\zeta/(\mu m/(m \cdot ℃))$	$T/℃$	$k/(W/(m \cdot ℃))$	$T/℃$	$c_p/(J/(kg \cdot ℃))$
27	17.6	93	10.4	20	430
204	23.4	204	11.3	100	470
427	25.2	316	12.4	200	521
649	26.8	427	13.1	300	571
—	—	538	13.5	400	621
—	—	—	—	500	673
—	—	—	—	600	722

为了模拟仿真切屑的形成，选用基于等效塑性应变的 Johnson-Cook 剪切损伤模型来描述材料剪切损伤的萌生。材料损伤参数 D 的定义如式(2-8)所示，当参数 D 大于 1 时，材料损伤开始萌生。

$$D = \sum \left(\frac{\Delta \bar{\varepsilon}^{pl}}{\bar{\varepsilon}_f^{pl}} \right) \tag{2-8}$$

式中，$\Delta \bar{\varepsilon}^{pl}$ 表示等效塑性应变增量；$\bar{\varepsilon}_f^{pl}$ 表示失效应变。

而失效应变 $\bar{\varepsilon}_f^{pl}$ 取决于非量纲塑性应变率 $\dot{\varepsilon}^{pl}/\dot{\varepsilon}_0$ 和无量纲温度项系数 $\tilde{\theta}$，即

$$\bar{\varepsilon}_f^{pl} = \left[d_1 + d_2 \exp(-d_3)\eta \right] \left[1 + d_4 \ln \left(\frac{\dot{\varepsilon}^{pl}}{\dot{\varepsilon}_0} \right) \right] (1 - d_5 \tilde{\theta}) \tag{2-9}$$

式中，$d_1 \sim d_5$ 为失效参数(表 2-3)；$\dot{\varepsilon}_0$ 为参考应变率；无量纲温度项系数 $\tilde{\theta}$ 的定义为

$$\tilde{\theta} = \begin{cases} 0, & T < T_r \\ (T - T_r)/(T_m - T_r), & T_r \leqslant T \leqslant T_m \\ 1, & T > T_m \end{cases} \tag{2-10}$$

其中，T 为当前温度；T_m 为材料熔点；T_r 为参考温度。

表 2-3　H13 钢的 Johnson-Cook 剪切损伤模型参数[142]

参数名称	d_1	d_2	d_3	d_4	d_5
参数值	−0.8	1.2	−0.5	0.0002	0.61

2.4.3　本构模型参数的选择

为了模拟仿真切削过程中材料的热黏塑性流动行为，材料的本构模型以及模

型参数的选择至关重要。目前，主流的材料本构模型有 Power-Law 模型[143]、Zerilli-Armstrong 模型[144]、Nemat-Nasser 细观模型[145,146] 和 Johnson-Cook 模型[147] 等。在切削仿真过程中，Johnson-Cook 本构模型是研究人员最常用的材料本构模型，为

$$\sigma = \left(A + B\varepsilon^n \right) \left[1 + C\ln\left(\frac{\dot{\varepsilon}}{\dot{\varepsilon}_0}\right) \right] \left[1 - \left(\frac{T - T_r}{T - T_m}\right)^m \right] \qquad (2\text{-}11)$$

式中，σ 为材料流动应力；参数 A、B、n、C 和 m 分别为初始屈服强度、应变硬化模量、应变硬化指数、应变率敏感系数和热软化系数。

根据相关文献报道[148-154]，H13 钢的 Johnson-Cook 本构模型的参数如表 2-4 所示。

表 2-4　H13 钢的 Johnson-Cook 本构模型参数

编号	A/MPa	B/MPa	n	C	m	$\dot{\varepsilon}$ /s^{-1}	参考文献
M1	674.8	239.2	0.44	0.056	2.7	—	[148]
M2	674.8	239.2	0.28	0.027	1.3	1.0	[149]
M3	810.6	286.8	0.278	0.028	1.18	—	[150]
M4	908.54	321.39	0.278	0.028	1.18	1.0	[151]、[152]
M5	1695	1088	0.6272	0.0048	0.52	0.001	[153]
M6	1795	919	0.4090	0.0053	1.013		[154]

目前，Johnson-Cook 本构模型参数通常利用分离式霍普金森压杆(split Hopkinson pressure bar, SHPB)实验获得的数据拟合得到。值得注意的是，由于受实验条件和次数、试样尺寸、材料初始性能及拟合方法等不同因素的综合影响，不同文献给出的本构参数也存在差异。研究表明[155,156]，Johnson-Cook 本构模型参数会对切屑形貌和切削力大小产生显著影响，特别是初始屈服强度 A 和热软化系数 m。另外，切削过程中材料的塑性应变率可以达到 $10^5 \sim 10^6 \text{s}^{-1}$[141,157]，属于"超高应变率"，而在现有技术条件下 SHPB 实验能够实现的最大应变率仅为 10^4s^{-1} 数量级，无法准确描述实际切削过程中材料的塑性流变行为。因此，基于表 2-4 给出的本构方程参数，借助有限元仿真，通过试错法对比实验获得的切屑形貌几何特征参数、切削力等指标，确定误差最小的 H13 钢 Johnson-Cook 本构模型参数作为本书最终采用的模型参数。在保证其他输入参数和切削条件(v_c = 300m/min, f_z = 0.2mm, a_e = a_p = 2.00mm)完全相同的情况下，以不同文献给出的本构模型参数作为变量进行有限元仿真，切屑形貌仿真结果和对应的实验结果分别如图 2-12 和图 2-13 所示。通过对比仿真结果和实验结果，发现使用本构模型 M1、M2、M3 和 M4 条件下得到的切屑为连续性切屑，并没有锯齿状切屑的产生，说明这四组本构模型无法准确描述 H13 钢硬态切削过程中材料的塑性流变行为。当使用本

构模型 M5 和 M6 时得到的切屑为锯齿状，切削形貌与实验结果大致相吻合。

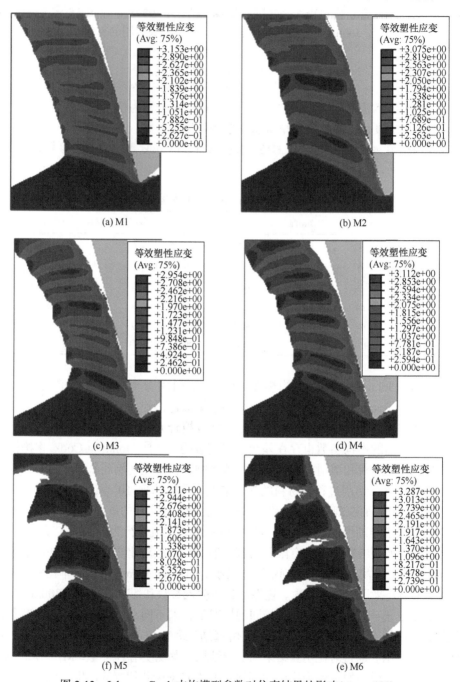

图 2-12　Johnson-Cook 本构模型参数对仿真结果的影响(step = 120)

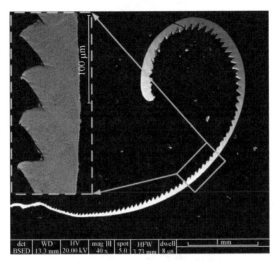

图 2-13　切屑形貌实验结果(v_c = 300m/min，f_z = 0.2mm，a_e = a_p = 2.0mm)

2.4.4　切削仿真模型验证

锯齿状切屑形貌和切削力通常作为验证有限元切削仿真中材料本构模型准确性的主要指标。尽管切削温度误差较大，本书依然将实测切削温度进行了分析比较及误差分析。基于本构模型 M5、M6 提供的方程参数以及实验获得的切削分力、锯齿状切屑形貌几何特征参数，以 E01、E03 和 E09 的实验结果(切屑几何特征、切削力和切削温度)为参考，对 H13 钢 Johnson-Cook 本构模型参数开展进一步精度校准，校准流程如图 2-14 所示。

如表 2-5 所示，将其中三组切削条件下获得的切屑几何参数、切削力、切削表面温度的预测值和实验值进行对比。可以看出，除了实验 E09 中获得的切屑齿底高相对误差超过 15%，其他切屑几何特征参数的预测值与实验值的相对误差都小于 15%，吻合度较好。同样，对于切削分力 F_x 和 F_y，仿真值和实验值两者的相对误差总体也小于 15%，具有较好的一致性。此外，通过对比温度指标可以发现，H13 钢硬态切削过程中表面瞬时切削温度的预测值和实验值的相对误差较大，三组切削参数下的切削温度相对误差都超过了 15%，最大相对误差达到 26.7%，最小相对误差为 17.1%。众所周知，实现切削温度的准确测量一直是金属切削领域面临的难题之一，H13 钢硬态切削过程中向周围环境发生的热耗散、热电偶的密封性和传导滞后性以及测量区域都会导致测量温度的波动，造成实测温度低于仿真温度。由于切屑的形成与切削过程中切削温度、塑性变形密切相关，所以尽管温度的相对误差较大，H13 钢的 Johnson-Cook 本构模型参数的有效性依然可以得到验证，完全能够适用于多物理场耦合的切削仿真研究。经过修正并最终确定的 Johnson-Cook 本构模型参数如下：A = 1650MPa，B = 1088MPa，

$n = 0.28$，$C = 0.028$，$m = 1.18$。

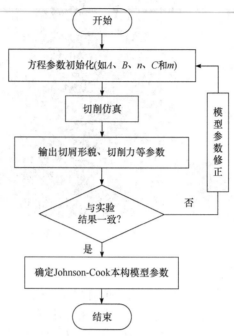

图 2-14　本构模型参数校准流程图

表 2-5　不同切削条件下预测值与实验值的对比

参数		E01			E03			E09		
		实验值	预测值	相对误差/%	实验值	预测值	相对误差/%	实验值	预测值	相对误差/%
切屑参数	$H/\mu m$	115.4	101.6	−12.0	100.9	99.0	−1.9	98.5	90.0	−8.6
	$h/\mu m$	80.0	68.8	−14.0	60.0	63.1	5.2	52.3	43.4	−17.0
	$S/\mu m$	76.0	68.4	−10.0	76.0	70.6	−7.1	72.8	68.0	−6.6
切削力	F_x/N	1369.0	1207.5	−11.8	1239.5	1037.9	−16.3	1372.5	1464.6	6.7
	F_y/N	582.3	654.7	12.4	558.3	572.3	2.5	636.5	694.5	9.1
温度/℃		352.2	446.0	26.7	403.0	490.6	21.7	477.8	559.2	17.0

注：相对误差 $= \dfrac{预测值 - 实验值}{实验值} \times 100\%$ 。

2.5　本章小结

本章研究了 H13 钢硬态切削条件下(切削速度、每齿进给量、径向切削深度和刀具刃口钝圆半径四个因素)切屑形貌、切削力和切削温度的变化规律；同时，建立了简化的二维等效机械-热耦合条件下 H13 钢硬态切削有限元仿真模型，修正了 H13 钢的 Johnson-Cook 本构模型参数。主要结论归结如下：

(1) H13 钢硬态切削所形成的切屑形貌均呈现锯齿状；刀具刃口钝圆半径对切削力和切削表面温度影响最大，切削分力 F_x 达到甚至超过了 1800N，瞬时表面切削温度超过了 600℃。

(2) 基于三维铣削与二维切削之间刀具运动轨迹和刀具角度的等效转换，建立了简化的二维等效切削仿真模型。

(3) 对比分析了不同 Johnson-Cook 本构模型参数下的切屑形貌、切削力和切削温度的预测值和实验值，修正了 H13 钢 Johnson-Cook 本构模型参数。

第3章 H13钢硬态切削切屑显微组织表征
及动态演变仿真

硬态切削过程中的温升速率最高可达 $10^4 \sim 10^6 °C/s$，瞬时切削温度甚至超过 1200℃，容易引起切削变形区材料发生相变，加之切削变形区的大应力和大应变也会促进相变的发生，而相变的产生会造成切削过程中热物理场更为复杂，工件的切削性能降低。本章通过修正应力-应变因素下奥氏体临界相变温度的计算方程，建立机械-热-显微组织机制的显微组织演变模型，结合切削仿真模型，研究H13钢硬态切削过程中的相变行为，可以为控制相变过程和物相比例以及保证工件良好的切削性能提供理论参考和数据支持。

3.1 显微组织表征和显微硬度测试

3.1.1 H13钢基体显微组织表征

硬态切削实验采用的H13钢为回火马氏体结构，研究表明[37,40,61,158]，回火马氏体具有严格的多尺度层级结构，即原奥氏体晶粒、板条束、板条块和马氏体板条。通常情况下，一个奥氏体晶粒包括多个板条束，每个板条束内的板条沿惯习面排列方向几乎一致；一个板条束内又包含多个晶体学取向随机分布的板条块，同一个板条块内的最小单元马氏体板条取向基本一致。对于H13钢，依次采用光学显微镜、扫描电子显微镜、电子背散射衍射和透射电镜表征得到的马氏体板条多尺度层级结构，如图3-1所示。

同样地，使用EBSD技术观察到的H13钢基体织构的结果如图3-2所示。由图3-2(a)可知，H13钢的物相组成为马氏体，与图2-2(b)的XRD相组成分析结果一致。图 3-2(b)为反映晶体取向差的晶界分布图，大角度晶界的晶体学取向差大于15°，小角度晶界的晶体学取向差为2°～15°，可以看到，大角度晶界内随机分布着数量不等的小角度晶界，这些小角度晶界通常被视作晶粒内部存在的少量位错。在图3-2(c)中，通过反极图可以确定H13钢基体内部存在着特定的晶体织构择优取向，即沿 X_0 方向存在着较强的轧制织构(101)，在 Y_0 和 Z_0 方向并没有观察到织构择优取向。

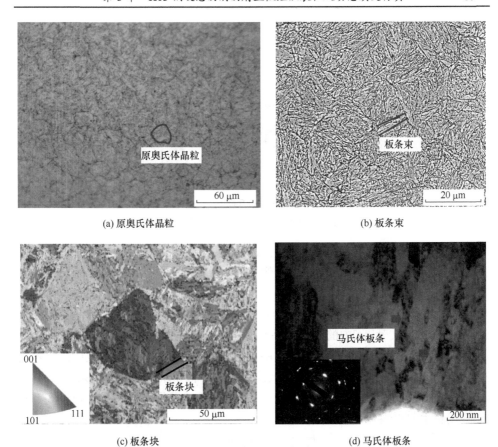

(a) 原奥氏体晶粒

(b) 板条束

(c) 板条块

(d) 马氏体板条

图 3-1　H13 钢基体回火马氏体结构多尺度表征

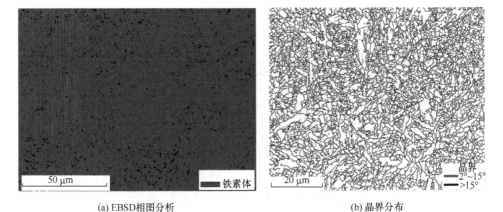

(a) EBSD 相图分析

(b) 晶界分布

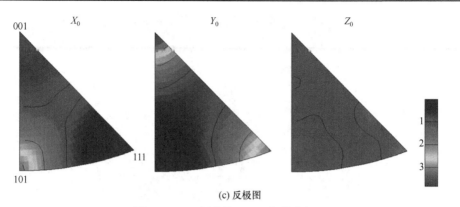

(c) 反极图

图 3-2　H13 钢基体 EBSD 织构分析

对于马氏体结构的 H13 钢，原奥氏体晶粒、板条束和板条块都属于"晶粒"范畴上的板条马氏体亚结构。利用图像处理软件 Image-Pro-Plus 对金相图中原奥氏体晶粒进行数值统计并计算晶粒尺寸。对图 3-3(a)标注出的 80 个原奥氏体晶粒尺寸进行统计，分析结果如图 3-3(b)所示，取平均值作为原奥氏体的晶粒尺寸，约为 23μm，与文献[34]中的奥氏体晶粒尺寸 25μm 很相近。根据显微组织结构与材料力学性能之间的映射关系，板条块亚结构被认为是马氏体钢强度的晶粒控制单元[59,159,160]。因此，马氏体钢的有效晶粒结构即板条块。此外，板条束尺寸 d_p 和板条块尺寸 d_b 与原奥氏体晶粒尺寸 D_g 密切相关且呈正比关系，如式(3-1)和式 (3-2)所示[161,162]：

$$d_p = \sqrt{\frac{3\sqrt{3}}{8N_p}}D_g = \sqrt{\frac{3\sqrt{3}}{32}}D_g = 0.40D_g \tag{3-1}$$

$$d_b = \frac{1}{N_b}d_p = \frac{1}{6}d_p = 0.067D_g \tag{3-2}$$

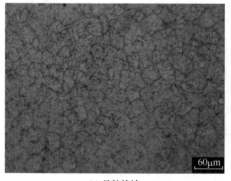

(a) 晶粒统计

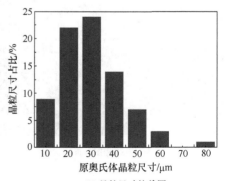

(b) 晶粒尺寸柱状图

图 3-3　H13 钢基体原奥氏体晶粒尺寸统计

如图 3-4 所示，使用 EBSD 技术统计得到板条块尺寸主要分布在 1～2μm，而利用式(3-2)计算得到的板条块晶粒尺寸为 1.54μm，数值同样为 1～2μm。可见，测试结果与计算结果的一致性很高。

(a) 反极图　　　　　　　　　　(b) 晶粒尺寸统计

图 3-4　H13 钢基体 EBSD 表征

3.1.2　H13 钢基体和切屑显微硬度测试

在进行硬态切削实验前，分别使用维氏显微硬度计和纳米压痕仪(图 3-5)测量 H13 钢基体的硬度值，平均硬度分别为 510HV 和 5.35GPa。纳米硬度和维氏显微硬度之间存在如下近似等效关系[163]：1GPa = 102HV。因此，纳米硬度 5.35GPa 换算成维氏显微硬度是 545.7HV。

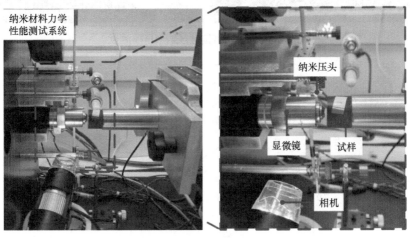

图 3-5　纳米压痕硬度测试

由于切屑底面塑性变形层厚度较小，为了尽可能对该区域的材料硬度进行准确表征，同时避免前一个压痕点对下一个压痕点测试结果的影响，仅选用纳米材料力学性能测试系统(NanoTest Vantage，MML 公司，英国)对沿刀具-切屑接触界面深度方向的硬度变化情况进行测量，如图 3-6 所示。在进行纳米硬度测量时，压入深度设置为 500nm，施加载荷为 50mN，两点间距为 5μm，纳米硬度沿刀具-切屑接触界面深度方向的分布情况如图 3-7 所示。可以看出，靠近刀具-切屑接触界面的显微组织演变最为剧烈，表现为非晶状，同时该区域的材料具有最高的硬度值，纳米硬度值接近 8.0GPa。随着距离的增大，显微组织的演变程度逐渐减弱，硬度值也一直减小，与刀具-切屑接触界面最远的压痕点(>20μm)的纳米硬度值约为 6.6GPa，依然要比 H13 钢基体的纳米硬度值高。纳米硬度的测量结果表明，刀具-切屑接触区的材料产生了明显的加工硬化，非晶结构的形成说明该区域极有可能发生了相变。

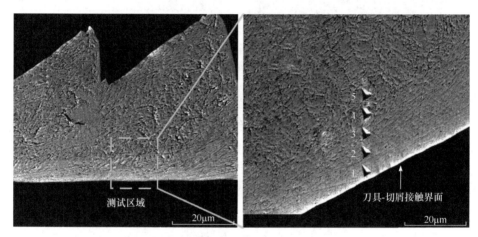

图 3-6　刀具-切屑接触区纳米压痕测试

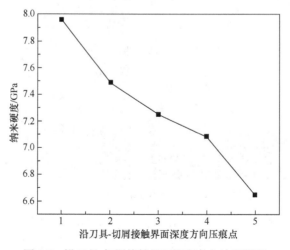

图 3-7　沿刀具-切屑接触界面深度方向纳米硬度

3.2　切屑显微组织演变机理

硬态切削过程中切屑发生的显微组织演变对切屑形貌、加工硬化以及塑性流动应力等产生显著影响，进而影响切削过程中的动力学行为和切削表面完整性。因此，深入理解并揭示切屑中显微组织的演变机理可为控制切削表面层质量、提高加工效率和节约能耗等提供重要参考。H13 钢硬态切削过程中温度场的变化主要分为两个阶段：①剪切塑性变形和剧烈摩擦作用导致的瞬时温升；②工件和切屑分别与刀具分离后发生迅速的降温冷却。相应地，在瞬时温升阶段会造成马氏体向奥氏体的转变，降温冷却阶段新生成的绝大部分奥氏体会重新转变为马氏体，且由于冷却速率过高通常形成淬火马氏体。采用 XRD 和 TEM 对切屑与切削亚表层进行物相检测。切屑底面的 XRD 物相检测结果如图 3-8(a)所示，根据布拉格定律和 JCPDS 手册数据，角度位于 44.64°、64.82°和 82.32°的三个衍射峰分别对应 α-Fe 米勒指数(110)、(200)和(211)。由图 3-8(a)还可以发现，另外两个对应衍射角度分别为 50.67°和 90.68°的衍射峰，这两个衍射峰分别对应残余奥氏体米勒指数(200)和(311)。尽管将 H13 钢硬态切削速度由 200m/min 增大至 400m/min，XRD 物相检测结果表明切削表面层没有发生马氏体向奥氏体的转变，如图 3-8(b)所示。

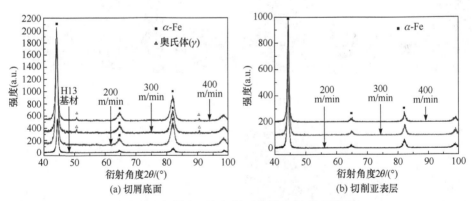

图 3-8　切屑底面和切削亚表层 XRD 物相分析

H13 钢切屑和切削亚表层的 SAED 测试结果如图 3-9 所示。H13 钢基体的 SAED 图像是由离散的明亮光斑组成的，而切屑的 SAED 图像呈现出由数量众多的明亮光斑组成的连续性圆形衍射光环，表明切屑底面材料是由大量纳米尺度的细小晶粒组成的[73,164]。通过标定切屑和亚表层的 SAED 衍射环可以发现，对应 α-Fe 和 θ-渗碳体的衍射环由众多亮斑组成，说明两种物相的含量很多。除此之外，还可以观察到切屑的 SAED 图像中出现了很多连续性较差、亮度不高的衍射光环，通过物相标定可以确定切屑底面存在微量的残余奥氏体。切屑中残余奥氏体的出现说明在 H13 钢硬态切削过程中确实发生了马氏体向奥氏体的转变，残余奥氏体含量很少也表明大部分的奥氏体在冷却阶段发生了分解。除此之外，对比切屑与亚表层的 SAED 图像，切屑的 SAED 图像中还有很多非连续亮度较弱的衍射环存在，其数量远多于亚表层材料的衍射光环数量，说明切屑形成过程中受机械-热载荷的影响程度要超过切削表面，造成不同物相之间发生了转变。通过 H13 钢切屑的 TEM 亮场图像(图 3-10)可以发现，H13 钢基体中的初始板条马氏体组织已无从辨识，晶体特征几乎完全消失，类似渗碳体由于高温溶解而弥散，再次说明切屑在形成过程中显微组织发生了复杂的演变，其中包括奥氏体相变。

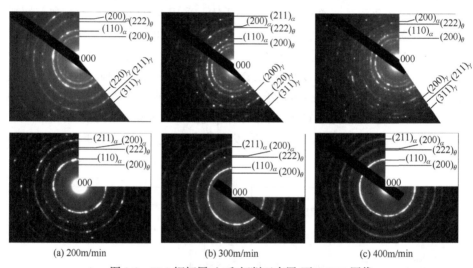

(a) 200m/min   (b) 300m/min   (c) 400m/min

图 3-9 H13 钢切屑(上)和切削亚表层(下)SAED 图像

(a) 200m/min   (b) 300m/min

图 3-10 H13 钢切屑 TEM 亮场图像

基于上述分析，切屑底面发生显微组织演变(图 3-11)的主要过程可以分为两部分：①位错迁移作用下的动态再结晶；②奥氏体相变引起的晶粒形核。

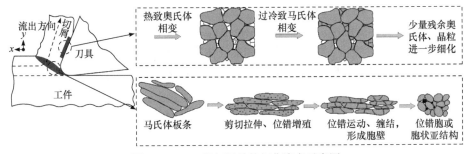

图 3-11　H13 钢切屑晶粒细化演变示意图

对于位错迁移作用下的动态再结晶机理：①当材料即将流经第一变形区(剪切带)时，会经历剧烈的剪切塑性变形，应变和应变率数值很高，导致位错密度迅速增加；②当材料继续流动进入剪切带内部后，应力、应变率值进一步增大，位错在应变作用下发生运动、缠结，并逐渐重新分布形成位错墙；③在材料由剪切带中心区域流出形成切屑的过程中，由高密度位错组成的位错墙发展形成胞壁，将原来的板条状马氏体分割成体积更小的位错胞或胞状亚结构，最终形成亚晶结构。

对于奥氏体相变形核引起的晶粒细化：①当材料形成切屑流经刀具前刀面时，与前刀面产生剧烈的摩擦，导致温度急剧升高，超过奥氏体临界相变温度；②在切屑与前刀面接触的区域，大量的马氏体由于瞬时温升而发生相变转变为奥氏体，新生成的奥氏体晶核尺寸很小，并且集中分布于相邻晶界位置；③切屑在前刀面的流动速度很高，造成切屑与前刀面的接触时间非常短暂，当切屑与前刀面分离后，迅速进入骤然冷却阶段，当温度低于马氏体相变开始温度时，新形成的奥氏体晶核再次转变生成淬火马氏体，仅有少量的奥氏体晶核在冷却过程中没有发生马氏体相变，作为残余奥氏体存在于切屑中。

3.3　基于相变动力学的切屑显微组织动态演变仿真

3.3.1　理论相变模型的构建

切削过程中的应力-应变效应会显著降低奥氏体相变温度，如图 3-12 所示[165,166]。Ramesh 和 Melkote[167]利用 Clausius-Clapeyron 方程估算了切削过程中压力场对奥氏体相变温度 A_{c1} 的影响。研究结果发现，当应力值达到 1.3GPa 时，奥氏体理论相变温度 A_{c1} 可以降低约 100℃。Clausius-Clapeyron 方程如下：

$$\frac{\mathrm{d}P}{\mathrm{d}T} = \frac{\Delta H_{\mathrm{tr}}}{T \Delta V_{\mathrm{tr}}} \tag{3-3}$$

式中，$\mathrm{d}P$ 为等效应力；ΔH_{tr} 为相变焓；ΔV_{tr} 为单位摩尔马氏体转变为奥氏体的体积变化量；T 为相变温度。对于 H13 钢，ΔV_{tr} 取值为每克原子含 215cal[168]，ΔH_{tr} 的值可由纯铁摩尔质量、铁素体密度和奥氏体密度计算获得，其中纯铁的摩尔质量为 55.85g，铁素体和奥氏体的密度分别为 7.571g/cm³ 和 7.633g/cm³。

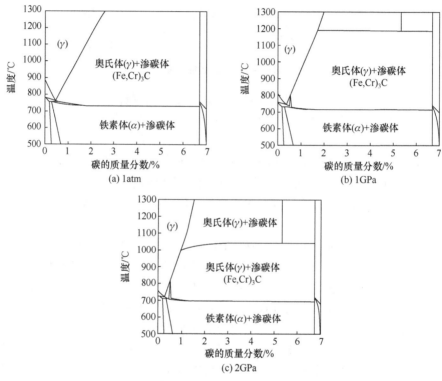

图 3-12 压力对相图的影响

在研究 AISI 52100 钢切削白层的形成机理时，Hosseini 等[166]同样发现奥氏体相变会在低于传统理论相变温度的条件下发生。Duan 等[75]基于材料的化学热力学基本理论，对应力、应变因素耦合作用下的奥氏体相变温度理论方程进行了推导修正，具体如下：

$$T_{\mathrm{p}} = T_0 \exp\left(\frac{\Delta_\alpha^\beta V_{\mathrm{m}} \cdot P - W_{\mathrm{S}}}{\Delta_\alpha^\beta H_{\mathrm{m}}}\right) \tag{3-4}$$

式中，T_{p} 为当等效应力为 P 及应变能为 W_{S} 时的临界相变温度；T_0 为马氏体向奥氏体转变的理论相变温度，对于 H13 钢，T_0 取值为 915℃；对于切削过程，P 和

W_S 分别为瞬时等效应力和应变能密度，可以从有限元仿真结果中提取；$\Delta_\alpha^\beta V_m$ 为摩尔体积变化量，取值为 $-0.06\text{cm}^{-3}/\text{mol}$；$\Delta_\alpha^\beta H_m$ 为马氏体转变为奥氏体的摩尔焓，取值为 920.5J/mol。

通常情况下，当温度超过奥氏体临界相变温度后，认为马氏体会发生向奥氏体的转变，保温时间越久，生成的奥氏体体积含量越高。目前用于切削过程中瞬时温升导致奥氏体相变含量变化的计算公式如下[169]：

$$f_\gamma = 1 - \exp\left\{-\left[b(T)\cdot t\right]^n\right\} \tag{3-5}$$

其中，

$$b(T) = C_v \cdot \exp\left(-\frac{\Delta H}{k_B \cdot T}\right) \tag{3-6}$$

式中，n 为与时间相关的材料常数；T 为温度；C_v 和 k_B 分别为速度常数和玻尔兹曼常数；ΔH 为相变发生所需的活化焓。

当刀具与切削表面或切屑分离后，已切削表面和切屑进入迅速冷却阶段，生成的奥氏体会因淬火效应再次发生相变生成马氏体或贝氏体。如果冷却速率较低，奥氏体会转变形成贝氏体；如果冷却速率很高，奥氏体会直接转变成马氏体。而贝氏体的形成需满足以下条件：在温度低于马氏体相变温度之前，式(3-7)的积分值为 1[170]。

$$\int_0^t \frac{\mathrm{d}t}{t_a(T)} \geqslant 1 \tag{3-7}$$

式中，$\mathrm{d}t$ 和 t 分别为时间步长和当前冷却时间；$t_a(T)$ 为当温度为 T 时生成贝氏体所需的保温时间。

由于切削过程中冷却速率高达 10^4℃/s[139,171]，在这种条件下贝氏体难以生成。当冷却温度持续降低至低于马氏体相变温度 M_s 后，奥氏体开始转变形成马氏体，新生成的马氏体含量可以通过式(3-8)计算得到[172,173]：

$$f_m = f_\gamma^*\left[1 - e^{\chi(M_s - T)}\right] \tag{3-8}$$

式中，f_γ^* 为温度达到 M_s 时奥氏体的含量；T 为当前温度；χ 为马氏体相变速率，通常取值 -0.011。

3.3.2　相变仿真模型的实现

在金属切削加工过程中，切削温度是决定相变发生的最主要因素，而热量的产生主要来自剪切塑性变形和摩擦做功，计算公式如下：

$$\dot{q}_{\mathrm{p}} = \eta_1 \bar{\sigma} \cdot \dot{\bar{\varepsilon}}$$ (3-9)

$$q_{\mathrm{f}} = \eta_2 \tau \cdot \gamma$$ (3-10)

式中，η_1 和 η_2 分别为塑性变形能转变为热量和摩擦产热的转换效率，通常认为 90%～100%的机械做功都转换成热能，因此两个系数均取值为 0.9，并且刀具与工件以及工件与周围环境的热交换忽略不计。

为了预测 H13 钢硬态切削过程中的奥氏体相变，需要将奥氏体相变理论模型借助 FORTRAN 编程语言汇编成用户自定义子程序 VUSDFLD，并通过 Abaqus/Explicit 软件预留的用户二次开发接口，嵌入切削仿真模型中，实现宏观模拟和微观模拟之间的数据传输计算，完成机械-热-相变多场作用下的奥氏体相变计算，其计算流程如图 3-13 所示。

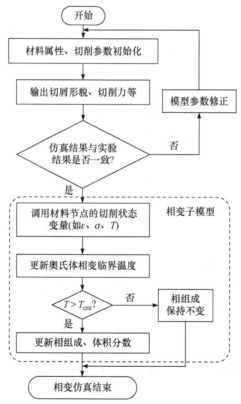

图 3-13　H13 钢硬态切削瞬时温升导致奥氏体相变仿真流程图

式(3-4)用于计算在应力、应变效应下修正的奥氏体临界相变温度，式(3-5)和式(3-6)用于计算奥氏体相变体积分数。在用户自定义子程序 VUSDFLD 中，定义马氏体、奥氏体及相变体积分数为状态变量，用符号 SDV(*)(*代表 1,2,…)表示。图 3-14 是利用 Abaqus/Explicit 有限元软件进行 H13 钢硬态切削相变仿真预测时的条件设置。图 3-14(a)是在材料属性选项中添加自定义状态变量输出个数，通常要大于或等于用户子程序 VUSDFLD 中自定义状态变量的个数。在进行场变量输出选择时，勾选 SDV 项，从而可以在仿真结果查看自定义输出的状态

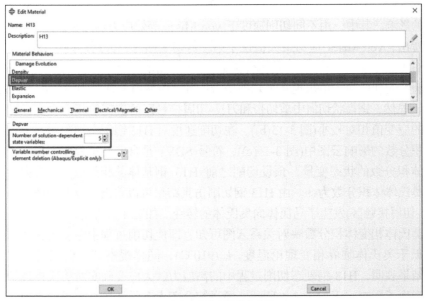

(a) 自定义状态变量输出数量

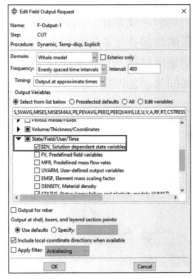

(b) 勾选输出自定义场变量选项

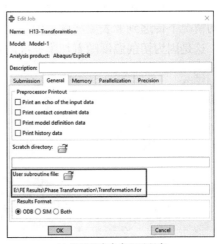

(c) 调用用户自定义子程序

图 3-14　Abaqus/Explicit 切削相变仿真参数设置

变量，如图 3-14(b)中方框所示。在提交 Job 运行时，调用编写的用户自定义子程序文件进行同步运算，如图 3-14(c)所示。

3.3.3　切削相变仿真结果分析

图 3-15 为切削速度对 von Mises 等效应力场、等效应变场和奥氏体相变仿真结果的影响。其中，由不同切削速度下 von Mises 等效应力场分布云图(图 3-15(a))可以看出，von Mises 应力最大值位于第一剪切变形区，分别达到了 2.211GPa、2.257GPa 和 2.480GPa；工件切削亚表层区域的 von Mises 应力值也超过了 1.01GPa；等效塑性应变的最大值出现在绝热剪切带位置，应变值分别约为 3.364、3.556 和 3.711。显然，锯齿状切屑中剪切带和刀具-切屑接触区的应变值相对更大，切削表面层的应变值相对较小(图 3-15(b))。在切削速度对 H13 钢硬态切削瞬时奥氏体相变体积分数的影响云图中(图 3-15(c))，符号 SDV1 是自定义子程序中用于指代奥氏体体积分数的状态变量，预设切削之前 H13 钢基体的相组成只含有回火马氏体，奥氏体体积分数为 0。由 H13 钢切削仿真结果可以看出，仅有切屑底面区域(刀具-切屑接触区)发生了马氏体向奥氏体的转变。如图 3-16 所示，通过分析温度场与奥氏体相变体积分数映射关系云图可知，即使切削过程中温度场在切屑中的分布低于奥氏体临界相变理论温度 A_{c1}(910℃)，同样观察到了新相奥氏体的生成。结果表明，H13 钢硬态切削过程中的高应力、大应变确实对奥氏体理论相变温度产生了影响。正如式(3-4)所示，通过综合考虑有限元仿真获得的应力、应变能密度，计算得到的奥氏体实际相变温度降低。当切削速度为 200m/min 时，发生奥氏体相变的材料层厚度值最大。与较高的切削速度相比，当刀具与切屑发生分离后切屑可以迅速进入冷却阶段，采用较低的切削速度能够使热能在时间相对充足的情况下传递到亚表层深度。但是，切削速度越慢，产生奥氏体的体积分数越小，这是因为切削温度随着切削速度的提高同步增加[119]。

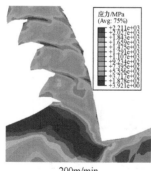
200m/min

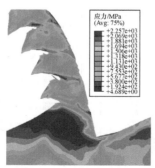
300m/min

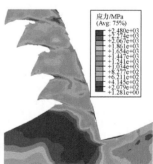
400m/min

(a) von Mises等效应力场

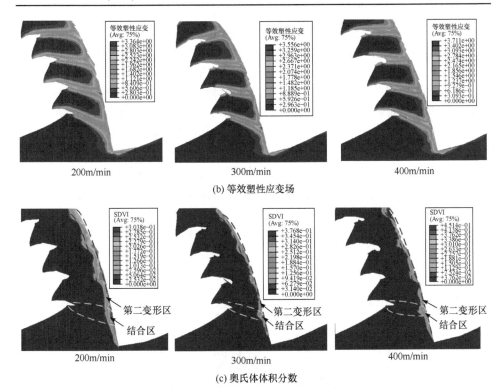

(b) 等效塑性应变场

(c) 奥氏体体积分数

图 3-15　切削速度对 H13 钢硬态切削应力场、应变场和奥氏体相变仿真结果的影响

($step$=150, f_z = 0.2mm, a_e = a_p = 2.0mm)

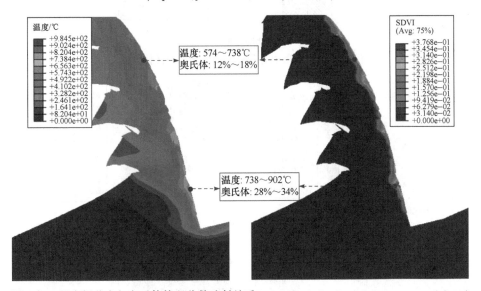

图 3-16　温度场分布与奥氏体体积分数映射关系(v_c = 300m/min, f_z = 0.2mm, a_e = a_p = 2.0mm)

如图 3-17 所示，当切削速度由 200m/min 提高到 400m/min 时，位于第二变形区和结合区的奥氏体相变体积分数随之增加，分别由 13%和 24%增加到 23%和 35%。可以看出，结合区奥氏体体积分数高于第二变形区生成的奥氏体体积分数。造成这种差异的原因在于结合区的高奥氏体体积分数是剧烈塑性变形和刀具-切屑强烈摩擦综合作用的结果。通过对比色标尺，沿着刀具-切屑接触界面向切屑自由表面的方向，马氏体转变生成奥氏体的含量逐渐下降。对于第一变形区(剪切带)和第三变形区(切削亚表层)，奥氏体含量依然为 0，表明在这些区域没有发生奥氏体相变。由图 3-16 展示出的奥氏体相变含量与温度场的映射关系可知，奥氏体含量的高低与温度场的分布规律一致性很好。由于不同变形区中应力、应变和温度场的分布差异，奥氏体相变含量的高低自然也存在不同。注意到，有限元仿真结果显示切削表面没有发生奥氏体相变。切削温度分布如图 3-18 所示，可

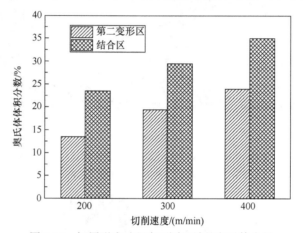

图 3-17　切屑形成过程中不同区域的奥氏体含量

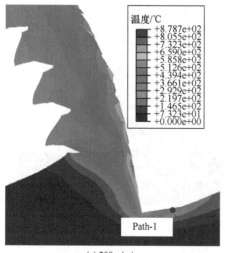

(a) 200m/min

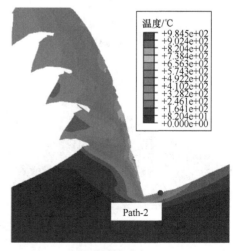

(b) 300m/min

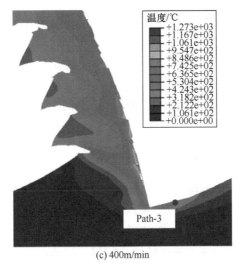

(c) 400m/min

图 3-18　不同切削速度下温度场分布云图

以看出切削温度随着切削速度的提高而上升并呈现明显的温度梯度。最高温度位于刀具-切屑接触界面，由于温度是影响相变的最主要因素，所以刀具-切屑接触界面的材料也容易发生相变。

在图 3-18 中，由切削表面沿亚表层深度方向定义三条路径，分别为 Path-1、Path-2 和 Path-3，温度场沿定义路径的变化趋势如图 3-19 所示。当切削速度分别为 200m/min、300m/min 和 400m/min 时，对应切削表面最高切削温度分别为 446.8℃、490.6℃ 和 557.9℃。当亚表层深度达到 5μm 时，切削温度迅速下降至 320℃左右，与奥氏体理论临界相变温度 910℃相比，切削表面层的温度很低。一方面，Fleischer 等[174]指出切削过程中产生的热量流入切削工件中的比例为 10%～

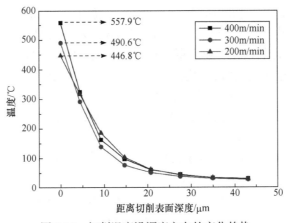

图 3-19　切削温度沿深度方向的变化趋势

20%，流入切屑中的热量比例高达 74%甚至 96%，两者差距悬殊；另一方面，剪切塑性变形导致的热量会与周围的空气产生热交换并同时向切削工件的内部区域传导，使得切削表面层的温度远远低于切屑，特别是刀具-切屑接触界面的温度。对于 von Mises 等效应力和等效应变，其在切削亚表层的分布情况也明显弱于切屑中的应力、应变场。综合上述分析，H13 钢硬态切削过程中切削表面层难以发生马氏体向奥氏体的转变。

3.3.4　切屑相变仿真模型实验验证

冷却阶段新生成的绝大部分奥氏体会重新转变成马氏体，所以残余奥氏体含量很少。因此，通过实验方法对少量残余奥氏体进行定量表征就难以实现。由图 3-8(a)所示的 XRD 物相测试结果可知，位于 50.67°和 90.68°的衍射峰积分强度很小，表明切屑中存在的残余奥氏体体积分数非常低。基于此，对残余奥氏体体积含量的标定就变得十分困难。在 H13 钢硬态切削过程中，切削温度的冷却速率快，造成大部分新生成的奥氏体重新在冷却阶段形成淬火马氏体，这也解释了有限元仿真奥氏体相变体积分数为 13%～24%，远高于切屑中奥氏体实验测定含量的原因。然而，与 XRD 物相测定结果不同，通过观察有限元仿真结果，在切削速度为 200m/min 的 H13 钢硬态切削过程中，切屑底面发生了奥氏体相变，而XRD 测试显示没有残余奥氏体产生。Wang 等[78]指出在高速切削 Ti-6Al-4V 过程中发生的α-Ti 向β-Ti 转变可以看成马氏体相变过程，证实很大比例的新生成的β 相会在冷却阶段转变为α″ 相。据此可以推断，在冷却阶段发生的马氏体相变会使新生成的奥氏体绝大部分甚至全部发生相变分解，超出了 XRD 设备的最低分辨率，导致无从检出。Chou 和 Evans[71]对白层厚度为 10μm 的 AISI 52100 钢切削表面层进行残余奥氏体测定，发现残余奥氏体含量相比基体增加了 22%。类似地，文献[175]发现，当切削速度由 91m/min 提高到 273m/min 后，切削表面层的残余奥氏体含量由 5%上升至 10%。如图 3-8(b)所示，实验结果和仿真结果一致表明 H13 钢硬态切削过程中亚表层中没有残余奥氏体的生成。此外，图 3-9 的SAED 测试结果也表明切屑底面层存在微量的残余奥氏体，而切削亚表层材料的衍射晶环没有对应的残余奥氏体。总之，TEM 的实验结果与 XRD 物相检测结果表现出很好的一致性，充分证明了基于相变模型预测 H13 钢硬态切削过程中切屑奥氏体相变的可靠性。

与文献[70]对比发现，残余奥氏体的形成主要与白层的产生有关，这也表明连续性硬态切削过程是一个热载荷占主导的加工过程。如图 3-20 所示，硬态铣削属于断续切削过程，切削过程中热载荷为周期性的加载和卸载，使得车削过程中出现的温度最大峰值平台不会出现在铣削过程中[176]。

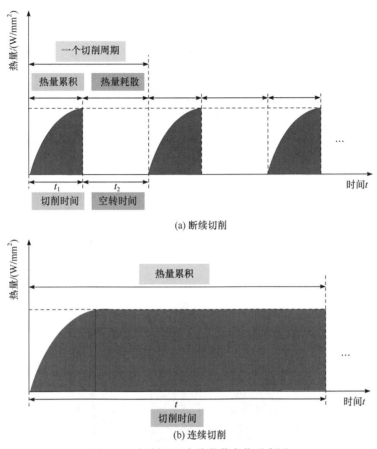

(a) 断续切削

(b) 连续切削

图 3-20　切削过程中热载荷变化示意图

　　如图 3-21 所示，在硬态切削过程中，刀具与热电偶切削接触的瞬间，温升速度可以达到 700℃/s 甚至 1400℃/s，而冷却降温速率约为 250℃/s，远低于温升速率。实际上，切屑底面(刀具-切屑接触区)会经历急剧的温升和冷却过程，对比切削温度最大值的实测结果与仿真结果(图 3-22)，两者之间存在一定的误差，这是因为实际切削过程更复杂，切削产生的热量不仅会与周围环境产生热交换，而且还会向工件温度较低的区域进行热传导。

　　相关研究表明[69,177]，在切削表面观察到的白层通常出现在连续性的车削加工过程中，并且与刀具后刀面磨损量存在直接关系。因此，在不考虑刀具磨损的情况下，在光学显微镜下并没有观测到 H13 钢硬态切削亚表层有明显的白层产生(图 3-23)。实验结果也表明，奥氏体相变仅发生在切屑底面，切削加工表面并没有相变，从而证明了本章建立的用于预测 H13 钢硬态切削过程中奥氏体相变模型的有效性。

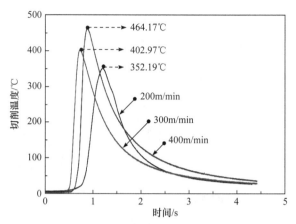

图 3-21　H13 钢切削表面温度变化曲线

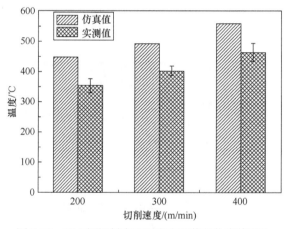

图 3-22　H13 钢切削表面温度实测值与仿真值对比

　　(a) 200m/min　　　　　　　　　　　　　(b) 300m/min

(c) 400m/min

图 3-23　光学显微镜下 H13 钢切削亚表层图像

3.4　本　章　小　结

本章建立了综合考虑 H13 钢硬态切削过程中应力-应变效应的奥氏体临界相变理论模型，实现了硬态切削过程中奥氏体相变和体积分数的预测，研究了不同切削速度下 H13 钢切屑中的物相组成和体积分数，并通过 XRD 和 TEM 实验方法验证了有限元相变仿真的可靠性，揭示了切屑形成过程中发生晶粒细化的内在机理，主要结论归结如下：

(1) 研究了应力-应变因素对 H13 钢硬态切削过程中奥氏体相变临界温度的影响，基于奥氏体相变动力学模型，修正了相变临界温度，建立了 H13 钢硬态切削过程中机械-热-相变的奥氏体相变理论模型，开发了基于修正奥氏体相变预测模型的用户自定义子程序，并嵌入 H13 钢切削仿真模型中，实现了切削过程中奥氏体相变的仿真预测。仿真结果表明，硬态切削过程中瞬时温升导致切屑中发生了马氏体向奥氏体的转变，当切削速度由 200m/min 提高到 400m/min 时，奥氏体体积分数由 13%增加到 23%，但是 H13 钢切削亚表层并没有发生奥氏体相变。

(2) 通过 XRD 物相检测和 TEM 分析技术分别对切屑和切削亚表层物相组成进行了实验测试，实验结果表明切屑中有少量残余奥氏体存在，而切削亚表层只含有马氏体相，验证了仿真结果的准确性和相变模型的有效性。实验测得的奥氏体含量远低于有限元仿真结果，表明冷却阶段发生了奥氏体向淬火马氏体的逆转变，导致奥氏体含量很低。

(3) 造成 H13 钢切屑中晶粒细化的机理归因于两个方面：①材料流经第一变形区时由于剧烈的剪切塑性变形，在位错迁移机理下形成纳米尺度的位错胞或胞状亚结构；②切屑在流动过程中与前刀面摩擦导致温度超过奥氏体相变温度，造成奥氏体晶粒形核，而急剧冷却引起的淬火效应导致奥氏体晶核逆转变生成淬火马氏体，使得晶粒进一步细化。

第4章 H13钢硬态切削亚表层显微组织表征及演变机理

切削亚表层材料的显微组织和力学性能的演变程度直接或间接地取决于切削参数、刀具几何参数及是否涂层和工件材料等。需要明确的是,切削亚表层的显微组织及力学性能变化在硬态切削过程中是无法避免的,通过揭示切削参数和刀具几何参数对切削亚表层显微组织演变的影响规律,合理阐释亚表层显微组织演变机理,对于改善和提高切削表面完整性具有非常重要的意义。

4.1 切削亚表层显微组织表征及力学性能测试

4.1.1 显微组织表征

如图4-1所示,为了在相同位置下对比切削亚表层的显微组织演变,以径向切削深度的1/2位置作为不同切削条件下亚表层显微组织观察的参考横断面,利用线切割采取慢走丝方式从已切削试件上切割试样,得到尺寸为10mm×5mm×5mm的长方体。本节分别利用光学显微镜、扫描电子显微镜和电子背散射衍射对切削亚表层材料显微组织结构进行观察,用于金相观察的切削试样的镶嵌、打磨、抛光和腐蚀等操作流程与2.2节中对切屑进行的前处理完全相同。

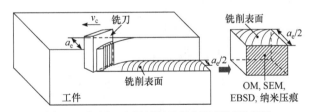

图4-1 切削亚表层材料显微组织测试示意图

4.1.2 微观力学性能测试

由于硬态切削亚表层厚度较小,通常在几十微米甚至十几微米,同时考虑到维氏显微硬度计压头尺寸较大,为了避免相邻压痕点之间的影响,选用纳米压痕仪对切削试样由表面沿深度方向的硬度变化进行测量。在进行纳米硬度测量时,压入深度设置为500nm,施加载荷为50mN,每个试样重复三次,测试硬

度取平均值。切削试样横断面纳米压痕测点分布和载荷-压入深度曲线如图 4-2
所示。

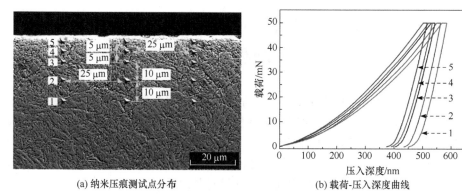

(a) 纳米压痕测试点分布　　　　　(b) 载荷-压入深度曲线

图 4-2　纳米压痕测试

4.2　机械-热耦合载荷下材料塑性变形模型

在硬态切削过程中，位于切削亚表层的材料会受到高强度的局部机械-热耦
合载荷共同作用，一旦由机械载荷和热载荷诱导的叠加应力值达到或者超过材料
的临界屈服应力，就会发生塑性变形行为。在金属切削过程中，由于刀具刃口钝
圆的存在，犁耕效应会对切削力和切削温度产生附加影响，从而使得切削亚表层
材料塑性变形更加剧烈，塑性变形层厚度增大，塑性变形机理如图 4-3 所示。另
外，由钝圆刃口的犁耕效应引起的温度和应力的增加可以通过式(4-1)～式(4-13)进
行理论层面的揭示。

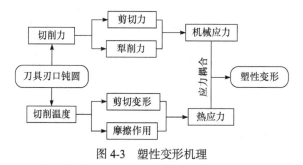

图 4-3　塑性变形机理

切削过程中，不考虑刀具刃口钝圆半径时，切削力 F_c 和进给力 F_t 可以通过
式 (4-1)和式(4-2)计算求解[178]：

$$N = F_c \cos\phi - F_t \sin\phi \tag{4-1}$$

$$F = F_c \sin\phi + F_t \cos\phi \tag{4-2}$$

当考虑刀具刃口钝圆半径时，犁耕效应会导致犁削力的产生(图 4-4)，此时切削力 F_c 和进给力 F_t 的计算公式如下：

$$F_c = F_{cs} + F_{cp} \tag{4-3}$$

$$F_t = F_{ts} + F_{tp} \tag{4-4}$$

其中，由犁耕现象引起的切削力 F_{cp} 和进给力 F_{tp} 的计算公式如下[179]：

$$F_{cp} = \frac{R}{\sin\eta}\tau_s w\Big[\big(1+2\zeta+2\theta+\sin(2\eta)\big)\sin(\phi-\zeta+\eta)+\cos(2\eta)\cos(\phi-\zeta+\eta)\Big]$$

$$\tag{4-5}$$

$$F_{tp} = \frac{R}{\sin\eta}\tau_s w\Big[\big(1+2\zeta+2\theta+\sin(2\eta)\big)\sin(\phi-\zeta+\eta)-\cos(2\eta)\sin(\phi-\zeta+\eta)\Big]$$

$$\tag{4-6}$$

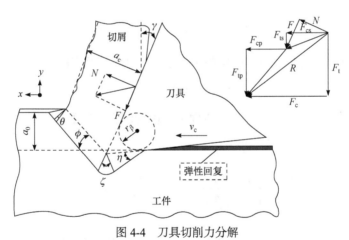

图 4-4　刀具切削力分解

在切削过程中，由移动热源，即绝热剪切带的形成，引起的工件内部任意点的温升可以通过式(4-7)计算[180,181]：

$$T_m = \frac{q_s}{2\pi\lambda}\int_0^L e^{-\frac{(x+l\cos\phi)v}{2a}}\left\{K_0^s\left[\frac{v}{2a}\sqrt{(x+l\sin\phi)^2+(y+l\cos\phi)^2}\right]\right.$$

$$\left.+K_0^s\left[\frac{v}{2a}\sqrt{(x+l_i\sin\phi)^2+(y-l_i\cos\phi)^2}\right]\right\}dl \tag{4-7}$$

当考虑刀具刃口钝圆半径时，刀具-工件之间的接触条件发生改变，如图 4-5

所示，钝圆刃口与切削表面之间的接触面积增加，由钝圆刃口-工件摩擦引起的任一点 $M(x,y)$ 的温升计算公式如下：

$$T_{\mathrm{r}} = \frac{1}{\pi\lambda}\int_0^{l_0} kq_{\mathrm{r}}\mathrm{e}^{\frac{xv}{2a}}\left\{K_0^{\mathrm{r}}\left[\frac{v}{2a}\sqrt{\left(r_\beta\sin\alpha+x\right)^2+\left[r_\beta\left(1-\cos\alpha\right)+y\right]^2}\right]\right\}\mathrm{d}l \qquad (4\text{-}8)$$

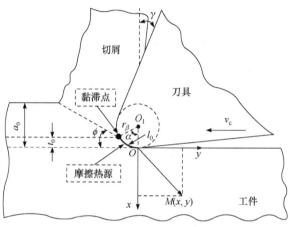

图 4-5　刃口钝圆刀具摩擦热源

因此，由移动热源和摩擦热源引起的工件内部任意点的温度之和如下：

$$T_{\mathrm{total}} = T_{\mathrm{m}} + T_{\mathrm{r}} \qquad (4\text{-}9)$$

如图 4-6 所示，在 x、y 和 xy 方向上，由切削力引起的机械应力 σ_x^{m}、σ_y^{m} 和 τ_{xy}^{m} 可以通过式(4-10)计算求得[182]：

$$\sigma_x^{\mathrm{m}} = -\frac{2y}{\pi}\int_{x_1}^{x_2}\frac{p(s)(x-s)^2}{\left[(x-s)^2+y^2\right]^2}\mathrm{d}s - \frac{2}{\pi}\int_{x_1}^{x_2}\frac{q(s)(x-s)^3}{\left[(x-s)^2+y^2\right]^2}\mathrm{d}s$$

$$\sigma_y^{\mathrm{m}} = -\frac{2y^3}{\pi}\int_{x_1}^{x_2}\frac{p(s)}{\left[(x-s)^2+y^2\right]^2}\mathrm{d}s - \frac{2y^2}{\pi}\int_{x_1}^{x_2}\frac{q(s)(x-s)}{\left[(x-s)^2+y^2\right]^2}\mathrm{d}s \qquad (4\text{-}10)$$

$$\tau_{xy}^{\mathrm{m}} = -\frac{2y^2}{\pi}\int_{x_1}^{x_2}\frac{p(s)(x-s)}{\left[(x-s)^2+y^2\right]^2}\mathrm{d}s - \frac{2y}{\pi}\int_{x_1}^{x_2}\frac{q(s)(x-s)^2}{\left[(x-s)^2+y^2\right]^2}\mathrm{d}s$$

同样地，由温度升高引起的材料热膨胀会诱导在 x、y 和 xy 方向上热应力 σ_x^{t}、σ_y^{t} 和 τ_{xy}^{t} 的产生，其计算公式为[183]

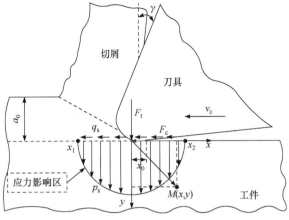

图 4-6　切削过程中机械应力分布

$$\sigma_x^t = -\frac{\alpha E w}{1-2\nu} \int_0^\infty \int_{-\infty}^\infty \left[G_{xh} \frac{\partial T_m(x,y)}{\partial x}(x',y') + G_{xv} \frac{\partial T_m(x,y)}{\partial y}(x',y') \right] \mathrm{d}x' \mathrm{d}y'$$

$$+ \frac{2y}{\pi} \int_{-\infty}^\infty \frac{p(t)(t-x)}{\left[(t-x)^2+y^2\right]^2} \mathrm{d}t - \frac{\alpha E w T_m(x,y)}{1-2\nu}$$

$$\sigma_y^t = -\frac{\alpha E w}{1-2\nu} \int_0^\infty \int_{-\infty}^\infty \left[G_{yh} \frac{\partial T_m(x,y)}{\partial x}(x',y') + G_{yv} \frac{\partial T_m(x,y)}{\partial y}(x',y') \right] \mathrm{d}x' \mathrm{d}y'$$

$$+ \frac{2y^3}{\pi} \int_{-\infty}^\infty \frac{p(t)}{\left[(t-x)^2+y^2\right]^2} \mathrm{d}t - \frac{\alpha E w T_m(x,y)}{1-2\nu} \tag{4-11}$$

$$\tau_{xy}^t = -\frac{\alpha E w}{1-2\nu} \int_0^\infty \int_{-\infty}^\infty \left[G_{xyh} \frac{\partial T_m(x,y)}{\partial x}(x',y') + G_{xyv} \frac{\partial T_m(x,y)}{\partial y}(x',y') \right] \mathrm{d}x' \mathrm{d}y'$$

$$+ \frac{2y^2}{\pi} \int_{-\infty}^\infty \frac{p(t)(t-x)}{\left[(t-x)^2+y^2\right]^2} \mathrm{d}t$$

基于机械-热载荷的高度耦合性，工件内部应力分布可以通过机械应力和热应力叠加计算得到：

$$\sigma_x = \sigma_x^t + \sigma_x^m$$
$$\sigma_y = \sigma_y^t + \sigma_y^m \tag{4-12}$$
$$\tau_{xy} = \tau_{xy}^t + \tau_{xy}^m$$

切削过程中，基于平面应变假设，z 方向上的应力分布可以通过式(4-13)计算得到：

$$\sigma_z = \nu\left(\sigma_x + \sigma_y\right) - \alpha_w E_w T_m$$

$$\tau_{zx} = \tau_{zy} = 0$$

$$\tag{4-13}$$

4.3　工艺参数对切削亚表层显微组织演变的影响

4.3.1　切削速度对显微组织演变的影响

利用 SEM 观察不同切削速度下切削亚表层材料横断面的显微组织形貌，如图 4-7 所示。通过观察可以发现，根据材料的显微组织特征可以将切削亚表层大致划分为两个区域，即塑性变形区和非晶区，分别对应图 4-7 中标注的区域 A2 和 A3。对于区域 A1，材料的显微组织仍然保持与 H13 钢基体相同的形貌特征，没有晶粒的拉伸、扭曲变形，几乎没有受到切削加工效应的影响，属于基体。对于区域 A2，显微组织在剪切效应的影响下发生了剧烈的塑性变形，晶粒沿着切削方向被旋转拉伸，越靠近区域 A3，变形量越大，由于晶粒伸长的程度十分显著而呈现如纤维状的条纹。对于距离切削表面最近的区域 A3，其层厚为 500～700nm，比区域 A1 和 A2 的厚度小得多。与区域 A1 和 A2 中显微组织形貌不同的是，区域 A3 中显微组织结构的晶粒边界已经无法分辨，不再具备晶体结构原有的形貌特征，类似于非晶组织。相关研究指出[18]，热软化效应和加工硬化效应在不同的切削亚表层深度上所占的主导地位是不同的。显然，距离切削表面越近，机械-热耦合载荷的共同作用效果越显著，硬态切削过程中的热软化效应极大地促进了材料的剪切流动变形行为。由于区域 A2 和 A3 的显微组织结构在切削过程中机械-热耦合载荷的作用下发生了演变，所以将区域 A2 和 A3 定义为切削亚表层。

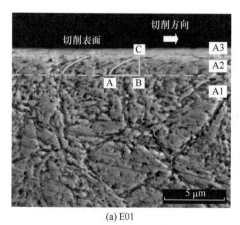 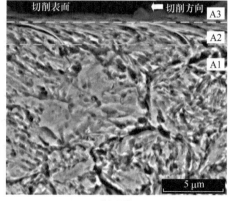

(a) E01　　　　　　　　　　　　　　　　　　　(b) E02

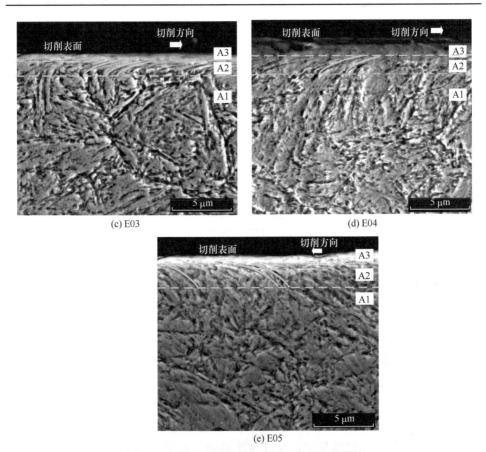

(c) E03   (d) E04

(e) E05

图 4-7　切削速度对切削亚表层显微组织的影响

　　图 4-8 为切削速度对切削亚表层厚度的影响。当切削速度由 200m/min 经 250m/min 升高到 300m/min 时，切削亚表层厚度变化趋势呈现先增大后减小趋势，由 2.27μm 增大至 3.02μm 随后又减小到 1.95μm。当切削速度增大到 350m/min 时，切削亚表层厚度随之增大到 2.82μm，然而当切削速度继续增大到 400m/min 时，切削亚表层厚度约为 2.71μm，不仅没有继续增大，反而略有减小。这是因为在金属切削过程中，随着切削速度的增大，温度逐渐升高[184,185]。当切削速度较小时，刀具-工件接触时间相对较长，温度在工件深度方向传导较为充分，材料发生热软化后更容易在机械载荷作用下沿切削方向发生塑性变形。当切削速度较高时，一方面剪切应变速率变得更大，变形区域更加局部化；另一方面高切削速度使得刀具-工件接触时间缩短，温度梯度变大，切削表面产生的高温难以在极短的时间内传入工件内部。

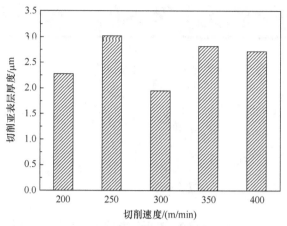

图 4-8　切削速度对切削亚表层厚度的影响

4.3.2　每齿进给量对显微组织演变的影响

图 4-9 为不同每齿进给量对切削亚表层显微组织演变的影响。同样地，由切削表面沿深度方向，显微组织在机械-热耦合载荷作用下发生了不同程度的塑性变形。当每齿进给量由 0.15mm 增大到 0.30mm 时，根据显微组织形貌特征依然可以将切削亚表层划分为基体(A1)、塑性变形区(A2)和非晶区(A3)三个区域。相比之下，当每齿进给量为 0.10mm 时，切削亚表层仅观测到两个区域，即区域 A1和 A2，并没有出现区域 A3。这是因为当每齿进给量较小时，新表面形成需要消耗的机械能比较少，机械能进一步转变为热能的比例就更小，塑性变形程度较轻，而区域 A3 的出现主要归因于晶粒细化、相变或高温氧化等作用[68,101]。因此，当每齿进给量较小时并没有在切削亚表层出现非晶区。

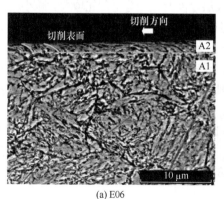

(a) E06

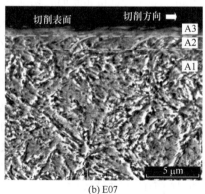

(b) E07

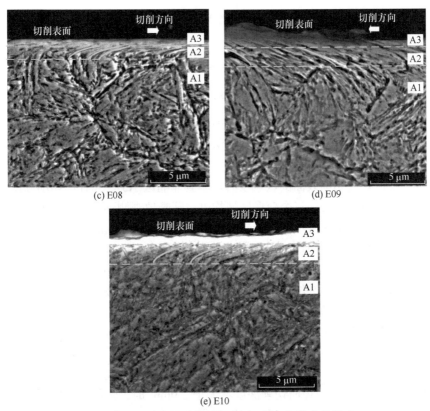

(c) E08　　　　　　　　　　　　(d) E09

(e) E10

图 4-9　每齿进给量对切削亚表层显微组织演变的影响

　　每齿进给量对切削亚表层厚度的影响如图 4-10 所示。随着每齿进给量的增大切削亚表层厚度逐渐增加，当每齿进给量由 0.10mm 增大到 0.15mm 时，切削亚表层厚度由 1.06μm 变为 1.82μm，增大了约 71.7%；当每齿进给量增大为 0.20mm 时，

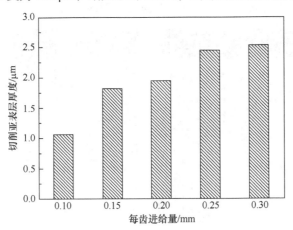

图 4-10　每齿进给量对切削亚表层厚度的影响

切削亚表层厚度缓慢增大至 1.95μm，增大了约 7.1%，增幅较小。同样地，当每齿进给量依次提高为 0.25mm 和 0.30mm 时，切削亚表层厚度分别为 2.45μm 和 2.54μm，增幅分别为 25.6%和 3.7%，变化幅度相对不大。

4.3.3　径向切削深度对显微组织演变的影响

图 4-11 为径向切削深度对切削亚表层显微组织演变的影响。沿切削表面往工件深度方向，将切削亚表层显微组织划分为非晶区(A3)、塑性变形区(A2)和基体(A1)三个区域。当径向切削深度 a_e 为 1.5mm 时，切削亚表层只有 A2 和 A1 两个区域，在最靠近切削表面的区域没有观察到非晶区(A3)。当径向切削深度小于或者大于该切削深度时，三个变形区域均可以清晰地观测到。分析原因在于：一方面，当每齿进给量保持不变而径向切削深度较大时，在 $a_e/2$ 位置附近的单元未切削厚度就越小，对应的切削力(机械载荷)就越小，此时的热载荷也并不显著，使得硬态切削亚表层没有非晶区的形成；另一方面，当径向切削深度继续增大到较大值时，尽管在 $a_e/2$ 位置附近的单元未切削厚度逐渐减小，切削力也同步下降，但是刀具-工件之间剧烈的摩擦和塑性变形导致的热量积累，使得切削表面温度较高，热载荷相比机械载荷占据了主导地位，促进了最表层非晶区的产生。基于上述分析，尽管在相同位置单元未切削厚度随着径向切削深度的增大而下降，但是非晶区依然可以在较大径向切削深度的条件下形成。

如图 4-12 所示，当径向切削深度不大于 2.0mm 时，切削亚表层厚度随着径向切削深度的增加逐渐减小；当径向切削深度由 2.0mm 增大至 2.5mm 时，切削亚表层厚度转而呈现上升趋势，由 1.95μm 增大到 2.58μm；当径向切削深度增大到 3.0mm 时，切削亚表层厚度又从 2.58μm 减小至 2.11μm；切削亚表层厚度为 2.5mm 时，径向切削深度值最大，可以推测在该切削条件下，机械-热耦合载荷达到最大值，对切削亚表层显微组织的演变影响最显著。

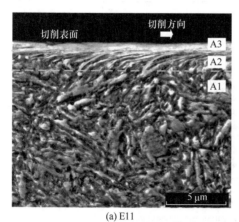

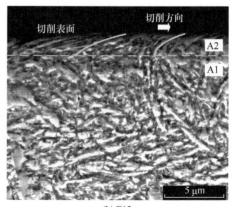

(a) E11　　　　　　　　　　　　　　　　　(b) E12

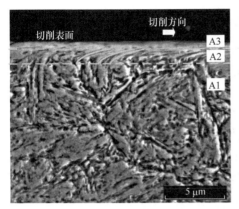
(c) E13

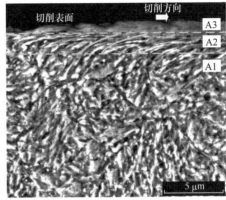
(d) E14

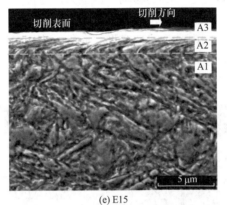
(e) E15

图 4-11　径向切削深度对切削亚表层显微组织演变的影响

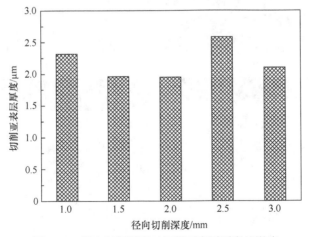

图 4-12　径向切削深度对切削亚表层厚度的影响

4.3.4 刃口钝圆半径对显微组织演变的影响

在硬态切削过程中，对刀具刃口进行合理处理(如刃口钝圆、负倒棱等)可以显著提高切削刃强度、减少应力集中和预防刀具崩刃，从而有效减缓硬态切削过程中的刀具磨损，延长刀具寿命[186-188]。由于刀具几何微结构的改变，刀具与工件之间的接触条件也会发生变化，进而对切削表面完整性产生显著影响。

图 4-13 展示了不同刃口钝圆半径条件下获得的切削亚表层显微组织形貌，当刃口钝圆半径不大于 40μm 时，切削亚表层仅可以划分成塑性变形区(A2)和基体(A1)两个区域；当刃口钝圆半径超过 40μm 后，厚度仅有几百纳米的非晶区(A3)开始在硬态切削最表层形成。由于刃口钝圆半径的增大，切削刃口与工件材料的接触面积增大(图 4-5)，随着刀具的移动，钝圆刃口与位于刃口前方的材料因犁耕效应产生剧烈的挤压和摩擦，引起机械载荷和热载荷陡然增大，从而使得切削亚表层材料在较大深度范围内产生塑性变形。此外，当刃口钝圆半径为 45~60μm 时，在切削亚表层内可以观察到有零散分布且尺寸非常微小的碳化物颗粒析出，这一现象进一步表明刃口钝圆半径越大，硬态切削表面产生的切削温度越高。

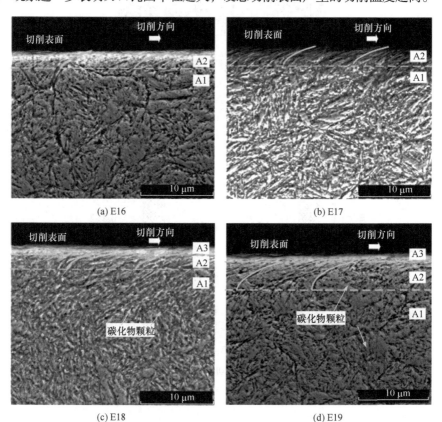

(a) E16　　　　　　　　　　　　　(b) E17

(c) E18　　　　　　　　　　　　　(d) E19

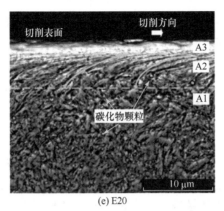

(e) E20

图 4-13   刃口钝圆半径对切削亚表层显微组织的影响

图 4-14 为刃口钝圆半径对切削亚表层厚度的影响，显然，切削亚表层厚度随着刃口钝圆半径的增大呈现一直上升趋势。当刃口钝圆半径由 30μm 增大到 60μm 时，切削亚表层厚度由 2.50μm 增大至 6.88μm，增大幅度约为 1.75 倍。相比切削速度、每齿进给量和径向切削深度三个切削变量，刃口钝圆半径对切削亚表层厚度的影响程度要明显得多。切削速度、每齿进给量和径向切削深度对切削亚表层厚度的影响基本上都小于 3.0μm，而刃口钝圆半径对切削亚表层厚度的影响则为 2.50～6.88μm。

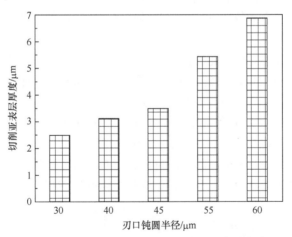

图 4-14   刃口钝圆半径对切削亚表层厚度的影响

4.4   切削亚表层显微组织的 EBSD 分析

利用 EBSD 晶体表征技术可以对 H13 钢切削亚表层马氏体结构的晶体取向进行定量分析，通过建立切削参数对织构取向的影响规律，可以为优化切削亚表层显微织构提供重要数据参考。然而，实现 H13 钢切削试样的 EBSD 衍射花样获取非常困难，一方面是由于材料的强磁性，以及马氏体具有多尺度层级显微组织结构，不同结构之间界面较多，并且同一个母相奥氏体晶粒内存在多种晶体取向；另一方面在于亚表层材料在硬态切削过程中又会承受剧烈的剪切塑性变形，同时伴随较大的残余应力产生。因此，仅对切削变量最大值和最小值条件下获得的切削试样进行 EBSD 分析。

4.4.1 晶界

图 4-15 为 H13 钢不同切削参数对切削亚表层材料晶界分布的影响。通常情况下，根据晶界两侧的取向差是否超过 10°将其分为小角度晶界(<10°)和大角度晶界(≥10°)。对于马氏体结构钢，文献[189]和[190]通过总结分析内部多层级组织结构与性能之间的关系发现，马氏体板条界为取向角为 2°~10°的小角度晶界，原奥氏体晶界和马氏体板条束界是10°~55°的大角度晶界，而马氏体板条块属于大于 55°的大角度晶界。表 4-1 列出了取向不同的晶界占比。通过与 H13 钢基体分析结果对比，可以从图 4-15 和表 4-1 中看出，尽管切削参数不同，但是小角度晶界都呈增加趋势。由于切削亚表层材料因强剪切发生了剧烈的塑性变形，切削过程中的高应变和高应变率会造成切削亚表层材料位错密度的增殖，杂乱分布的位错会纠结成群，继而形成"位错缠结"，最终引起小角度晶界的增加[191]。此外，在小每齿进给量条件下，小角度晶界仅有小幅度的增加，这与切削亚表层厚度较薄存在一定关系。另外，对应具体取向角的大角度晶界(10°~55°或≥55°)并没有显示出显著的变化。此外，表 4-1 列出了取向不同的晶界占比，与 H13 钢基体的分析数据对比可以看到，小角度晶界比例的增加造成大角度晶界占比下降。由于大角度晶界的增加与板条马氏体的细化或者动态再结晶有关，而在实验结果中没有观测到太大角度晶界增加的现象，这种现象可能与下述两个原因有关：一个是动态再结晶并没有在 H13 钢硬态切削过程中发生；另一个是发生了部分动态再结晶，动态再结晶晶粒的母核并没有在后续过程中获得足够的能量长大成为具有大角度晶界的新晶粒，处于亚晶结构或位错胞状态。

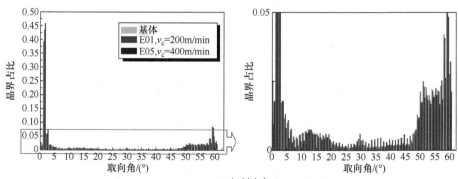

(a) 切削速度

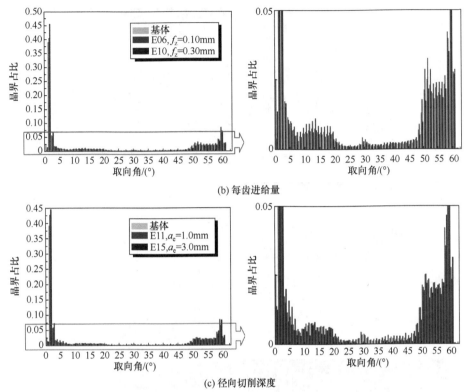

(b) 每齿进给量

(c) 径向切削深度

图 4-15　H13 钢不同切削参数对切削亚表层材料晶界分布的影响

表 4-1　不同取值范围内取向角度比例

取向角	H13 钢基体	E01	E05	E06	E10	E11	E15
2°～10°	53.35	56.57	58.56	54.03	58.62	56.63	57.97
10°～55°	24.73	23.20	26.34	25.71	21.98	24.77	19.11
>55°	21.92	20.23	15.10	20.26	19.40	18.60	22.92

4.4.2　Schmid 因子

图 4-16 给出了不同切削试样切削亚表层选定区域 Schmid 因子的分布。图 4-17 给出了 H13 钢不同切削参数对切削亚表层 Schmid 因子的影响。具体地，从图 4-17 中可以看出，H13 钢基体选定区域的 Schmid 因子分布范围为 0.37～0.5。然而，切削试样选定区域的 Schmid 因子分布范围为 0.27～0.50，最小值由初始的 0.37 减小至 0.27，呈现出沿横坐标分布逐渐减小的趋势。具体地，对于实验编号 E01、E05、E06、E10、E11 和 E15，Schmid 因子在 0.27～0.37 范围内的占比分别为 1.94%、6.79%、1.80%、6.47%、3.53% 和 2.32%。显然，切削

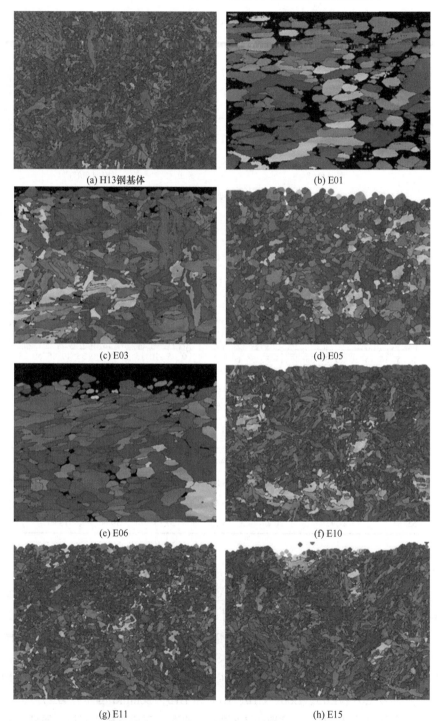

(a) H13钢基体　　　　　　　　　　　　　　　(b) E01

(c) E03　　　　　　　　　　　　　　　　　(d) E05

(e) E06　　　　　　　　　　　　　　　　　(f) E10

(g) E11　　　　　　　　　　　　　　　　　(h) E15

图 4-16　切削亚表层选定区域 Schmid 因子分布

试样选定区域的 Schmid 因子发生了不同程度的下降。随着切削速度和每齿进给量由较小值提高至较大值，Schmid 因子下降趋势更加明显；对于径向切削深度的变化，Schmid 因子的相应变化程度有所减缓。Schmid 因子计算公式如下：

$$\tau_{k} = \sigma_{s} m_{s} \quad \text{或者} \quad \sigma_{s} = \frac{\tau_{k}}{m_{s}} \tag{4-14}$$

式中，m_{s} 为 Schmid 因子；σ_{s} 和 τ_{k} 分别为正应力和临界切应力。

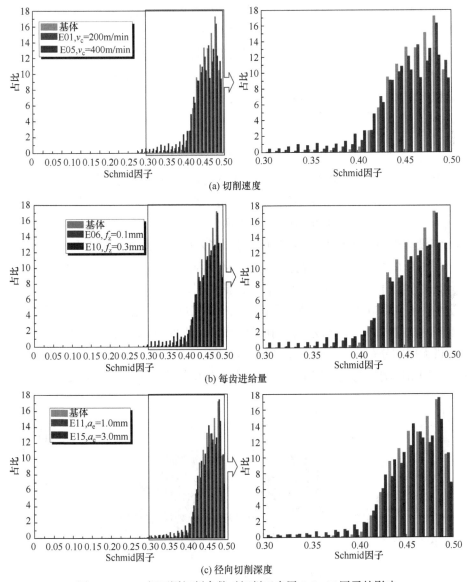

(a) 切削速度

(b) 每齿进给量

(c) 径向切削深度

图 4-17　H13 钢不同切削参数对切削亚表层 Schmid 因子的影响

对于 H13 钢，其临界切应力是一个常值，仅与材料自身的晶体结构和纯度等因素有关。切削亚表层材料发生的剧烈塑性变形通常伴随着位错的塞积甚至位错胞等亚结构的形成[65]。事实上，Schmid 因子增大主要是因为晶界迁移或晶粒旋转；反之，Schmid 因子减小则表明切削亚表层内的晶粒边界继续发生迁移或者晶粒能够继续转动的难度增大，位错的钉扎作用凸显。位错运动的阻碍可以分为长程内应力障碍和短程局部障碍。对于长程内应力障碍，它无法通过热运动克服，在低温下只有外应力超过这些障碍所产生的内应力时位错才能滑移；但是短程局部障碍可以通过热激活作用产生的原子热运动来越过。换言之，Schmid 因子减小表明，要让切削亚表层材料达到临界剪切应力而使位错开始沿着滑移面发生移动，需要施加更大的外部应力。切削试样 Schmid 因子的变化也进一步证实了晶粒旋转和晶界迁移会诱导织构取向发生变化[192]。

4.4.3 反极图

图 4-18 为 H13 钢切削试样的反极图。通过与 H13 钢基体的反极图对比可知，当切削速度和每齿进给量较小时，沿 X_0 方向{101}晶面的晶体择优取向并不明显，与基体织构取向分布较为接近。但是，织构密度却发生了明显的下降，由 3.0 减小到 2.0 左右。就(RD)和 Z_0(ND)两个方向而言，三个晶面(001)、(101)和(111)都没有表现出明显的织构择优取向。当采用较大的切削速度和每齿进给量时，最初存在于基体中的织构择优取向逐渐变得不明显甚至完全消失，如沿 X_0 方向{101}晶面的织构。实验结果表明，低切削速度或者小每齿进给量对切削亚表层织构演变影响较小。另外，可以看到径向切削深度无论较大还是较小，织构密度表明试样内部没有表现出任何的择优取向，同时也说明试样内部晶体处于一种随机无序的分布状态。进一步分析可以发现，在大径向切削深度下试样内部出现了织构密度增加的些许迹象。总体而言，与切削速度和每齿进给量相比，径向

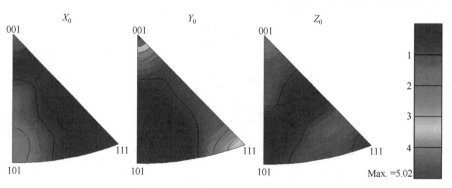

(a) E01(v_c=200m/min, f_z=0.20mm, a_e=2.0mm)

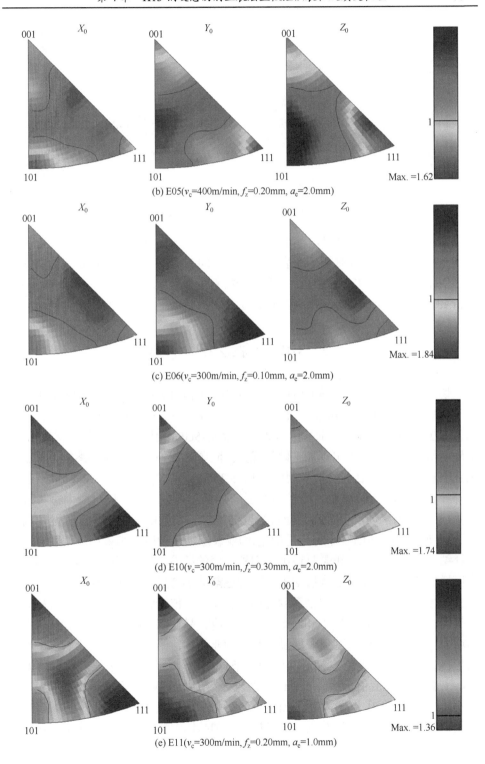

(b) E05(v_c=400m/min, f_z=0.20mm, a_e=2.0mm)

(c) E06(v_c=300m/min, f_z=0.10mm, a_e=2.0mm)

(d) E10(v_c=300m/min, f_z=0.30mm, a_e=2.0mm)

(e) E11(v_c=300m/min, f_z=0.20mm, a_e=1.0mm)

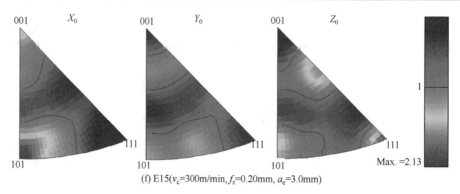

(f) E15(v_c=300m/min, f_z=0.20mm, a_e=3.0mm)

图 4-18　H13 钢切削试样的反极图

切削深度对切削亚表层织构演变的影响程度更突出，但是没有出现剪切面织构[193]。因此，可以推测切削亚表层的织构取向与剪切、挤压和热膨胀的共同作用密切相关。材料的宏观力学性能取决于材料的显微组织结构和织构取向，通过分析 IPF 测试结果，可以证明切削亚表层材料力学性能也会因此而发生变化。

4.5　切削亚表层纳米硬度

切削亚表层沿深度方向的纳米硬度变化如图 4-19 所示，第一个纳米压痕点位于切削表面下方约 1μm 处，下一个压痕点与前一个测点的距离为 3μm，重复测量三次取均值。与 H13 钢基体的纳米硬度 5.35GPa 相比，切削亚表层材料的纳米硬度值显著提高，即出现加工硬化现象。除了 E06 外，其他切削参数下位于切削亚表层第一个压痕点的纳米硬度均从 5.35GPa 增大至高于 7GPa，最高超过 7.5GPa，随着深度的增加，纳米硬度逐渐降低。可以看出，E10(最大每齿进给量)的亚表层纳米硬度值最高，随着深度的增加，其硬度值依然高于其他切削条件下的硬度，而 E06(最小每齿进给量)的亚表层纳米硬度值则最小。切削亚表层材料纳米硬度值的提高正是显微组织剧烈演变的结果，包括塑性变形造成的位错密度增加和晶粒细化。亚表层纳米硬度的逐渐减小与显微组织在深度方向上的梯度变化相对应。一方面，位错密度增加、塞积导致位错钉扎作用凸显，材料的抗力提高；另一方面，根据 Hall-Petch 硬化效应，晶粒细化同样也会造成材料硬度的增大。由于 E06 的切削亚表层没有观测到非晶区，第一个纳米压痕点位于塑性变形区，其纳米硬度值也相对其他切削条件偏小。此外，位于亚表层深度方向 7μm 处的纳米硬度值仍然高于基体，这与 4.3 节中 SEM 图像显示切削亚表层厚度不超过 5μm 存在差异。分析原因在于，硬态切削过程中的强机械-热耦合载荷作用诱导亚表层更大深度范围内的晶粒旋转和晶体织构演变同样造成了材料力学性能的改变[193]。

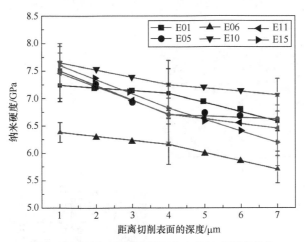

图 4-19　切削亚表层沿深度方向的纳米硬度变化

4.6　切削亚表层晶粒细化机理

H13 钢切削亚表层基本可以划分为非晶区、塑性变形区和基体三部分，在部分工艺参数下仅可以观测到塑性变形区和基体两部分。为了确定亚表层显微组织构成，进而揭示显微组织的演变机理，本节选取具有两个变形区(E06)和三个变形区(E03)的切削试样分别进行分析。

H13 钢基体中可见长度介于数百纳米和微米之间而宽度约为数十纳米的初始板条状马氏体，马氏体板条之间的边界清晰可辨。然而，图 4-20(a)和(d)中，切削亚表层材料的马氏体板条之间的边界已经无从辨识，说明板条状马氏体被严重分割细化。同时，通过分析亚表层材料的显微组织结构可以观察到高密度位错区、

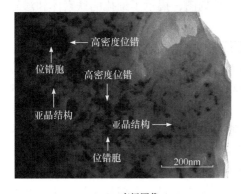

(a) TEM亮场图像

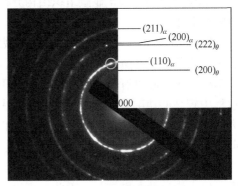

(b) SAED图像

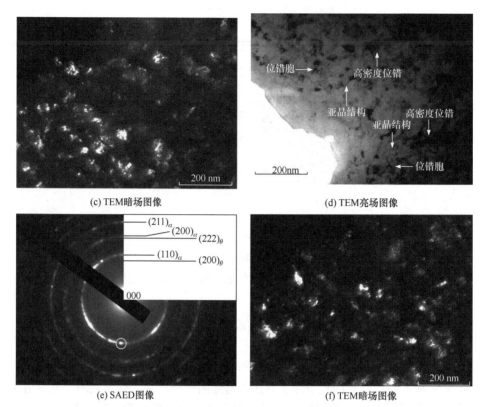

(c) TEM暗场图像   (d) TEM亮场图像

(e) SAED图像   (f) TEM暗场图像

图4-20 切削亚表层显微组织结构((a)~(c)为 E03；(d)~(f)为 E06)

位错胞和亚晶结构的出现。图 4-20(b)和(e)为切削亚表层的 SAED 图像，数量众多的衍射光斑构成的连续性高亮衍射环是多晶材料的典型特征，进一步表明亚表层内部的原始粗大晶粒被细化成大量的纳米尺度的细小晶粒。通过标定 SAED 晶环，表明切削亚表层是由马氏体和渗碳体组成的，并没有残余奥氏体存在。图 4-20(c)和(f)为 TEM 显微组织结构分析的暗场图，揭示了细化的铁素体和渗碳体颗粒的存在。

图 4-21 揭示了高分辨率透射电镜观测到纳米尺度范围内亚表层材料在机械-热耦合载荷作用下诱导形成的晶体缺陷，如位错塞积、位错胞和渗碳体等，在位错塞积的区域同时有位错胞的存在。对于动态再结晶的发生，一方面与硬态切削过程中较高的切削温度($>0.4T_m$)有关；另一方面作为促进动态再结晶发生的驱动力之一的塑性变形作用同样显著[194]。在选取的切削参数下，主要剪切变形区的剪切应变速率高达 $1.0 \times 10^5 s^{-1}$，称为"超高应变率"[195]。当应变率较低时，发生的动态再结晶类型通常为迁移动态再结晶；而在高应变率($>10^4 s^{-1}$)条件下，更容易发生旋转动态再结晶。因此，可以推测切削亚表层中出现的亚晶结构以及位

错胞的形成在很大程度上是旋转再结晶的结果。在切削过程中，材料发生塑性变形所需时间可以通过 $t_p = \delta/v_c$ 计算得到[195]，其中，δ 为塑性变形宽度；v_c 为切削速度。当切削速度 v_c 为 300m/min 时，根据公式计算可得 t_p 约为 0.21×10^{-5}s。塑性变形所需时间与剪切应变率数值处于同一个数量级，说明发生动态再结晶的时间同样处于这个时间尺度。根据 Andrade 等[196]的研究，发生迁移再结晶需要的时间比发生旋转再结晶的时间高出约 7 个数量级。显然，在如此短暂的时间内发生迁移再结晶的概率是微乎其微的。事实上，晶体结构发生塑性变形通常是借助位错在外力作用下不断地增殖和运动而形成的，而切削过程中产生的高温作为热激活能可以驱动位错塞积克服短程障碍而继续迁移运动，形成胞状亚结构，如图 4-20(a)和(d)所示，这时变形晶粒是由许多称为"胞"的微小单元组成的，通常为纳米尺度，各个胞之间存在着微小的取向差。随着变形量的增大，位错不断运动并重新有序排列，形成胞壁，此时胞内位错密度较低，缠结位错也主要集中在胞的附近，又称为位错胞亚结构。当变形量继续加大时，位错胞会吸收其周围的位错而发展成为尺寸稍大的亚晶粒或晶核，此时的胞壁也会进一步长大形成小角度晶界。

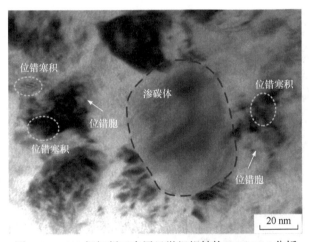

图 4-21　H13 钢切削亚表层显微组织结构 HR-TEM 分析

　　基于上述分析可知，图 4-20(a)和(d)中观测到的亚晶结构证实了旋转动态再结晶的发生。需要明确的是，较高的切削速度使得刀具与工件之间的接触时间大大缩短，动态再结晶形成的胞状亚结构甚至亚晶粒无法获得足够的能量来满足晶粒后续的长大过程。结合 4.4.1 节关于晶界的分析可知，切削亚表层内确实发生了动态再结晶，但是动态再结晶的发生过程局限于初始阶段，即在切削亚表层形成小角度晶界的位错胞或亚晶结构，为对应板条马氏体和板条束的 10°～55°大角度晶界并没有增加的现象提供了合理的阐释。

借助 EBSD 分析技术得到的亚表层内晶界分布如图 4-22 所示，对比衍衬图和晶界图(E03)可以看出，靠近切削表面的原始大尺寸板条状马氏体几乎完全消失，取而代之的是在高应力、大应变和高应变率条件下形成的、密集排列的、尺寸明显减小细化的板条马氏体显微组织。位于亚表层的小尺寸细化板条马氏体沿着剪切受力方向也存在轻微的扭转拉伸的塑性变形，外形近似椭圆状。文献[194]研究表明，动态再结晶行为可以在剪切塑性变形和较高的切削温度作为驱动力的前提下发生。由于马氏体板条的晶界取向差属于小角度晶界，所以切削亚表层内部的马氏体板条细化会造成小角度晶界占比的提升。小角度晶界通常储存着用于晶粒形核的位错能，由于深度的增加而切削温度和应变梯度减小，动态再结晶形核难以在该区域发生。与 E03 不同的是，通过衍衬图和晶界图可以清楚地看到 E06 切削亚表层内的马氏体组织并没有细化形成大量的小尺度板条马氏体，但是通过观察切削亚表层可以发现，原始晶粒在剧烈的剪切应变作用下发生了明显的塑性变形，外形呈椭圆状，不同晶粒之间的椭圆长轴近似相互平行，同时与切削表面呈小于 90°的夹角，应变影响深度超过 10μm。如图 4-22(c)和(f)所示，晶粒间无法辨识表征的黑色区域表明变形程度更为剧烈，可能存在高密度位错塞积或缠结。

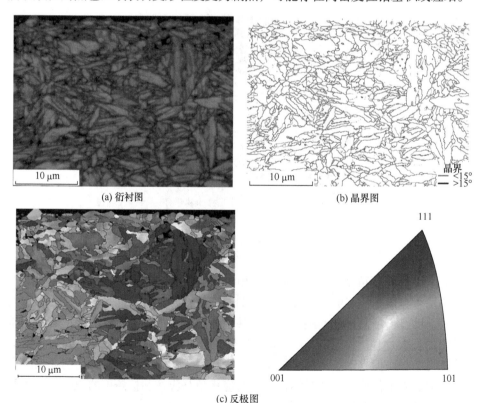

(a) 衍衬图　　　　　　　　　　　　　(b) 晶界图

(c) 反极图

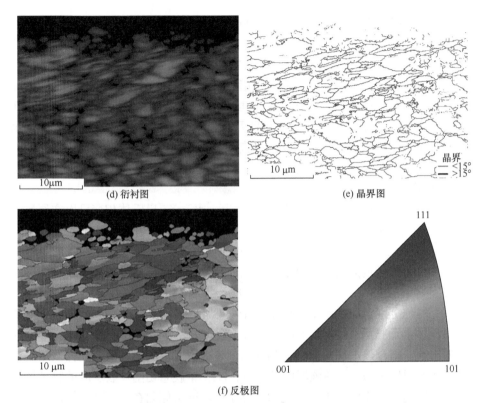

(d) 衍衬图　　　　　　　　　　　　　(e) 晶界图

(f) 反极图

图 4-22　H13 钢切削亚表层 EBSD 晶粒分析((a)～(c)为 E03；(d)～(f)为 E06)

综合上述分析，H13 钢硬态切削亚表层晶粒细化机理如图 4-23 所示。切削前，经过回火处理的 H13 钢晶粒内部存在着散乱分布的、数量较少的位错(阶段

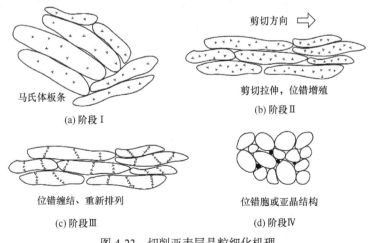

图 4-23　切削亚表层晶粒细化机理

Ⅰ)。在金属切削过程，位错的增殖速度高于刀具的运动速度，位于刀尖前方区域新产生的位错在应力梯度作用下移动。随着刀具的不断前进，材料的剪切塑性变形加剧，晶粒内的位错密度增大并产生塞积(阶段Ⅱ)。在靠近切削刃的材料中，位错密度达到最大值并开始形成位错缠结，切削热能的产生使位错能够继续移动而重新排列在晶粒内部形成胞壁(阶段Ⅲ)。由于切削工件厚度较大，位错在切削表面下的运动集聚相对较慢，并且刀具-工件接触时间极短也无法提供满足晶粒进一步长大所需的能量，所以位错胞壁只能吸收切削行为诱导亚表层产生的晶体缺陷而逐渐形成具有小角度晶界的位错胞或亚晶结构，将初始的马氏体板条分割细化(阶段Ⅳ)。

　　由于硬态切削过程中温升速率很高(约为 10^4℃/s)，奥氏体相变可以在原奥氏体晶界、相界面甚至晶粒内部形核，大量奥氏体晶核的产生也会促进晶粒的细化[197]。Zhang 等[49]认为硬态切削白层的形成是奥氏体相变和塑性变形相互作用的结果。为了确定亚表层内是否有奥氏体相变的发生，借助 XRD 对 H13 钢切削亚表层(实验 E03 和 E06)进行相组成分析，衍射图谱如图 4-24 所示。可以看到，三个峰值分别对应的衍射角依次位于 44.64°、64.82°和 82.32°的位置，分别对应马氏体晶面指数(110)、(200)和(211)，除此之外并没有残余奥氏体对应衍射峰值的出现。结合热电偶法测量得到的切削表面瞬时切削温度值，同样低于奥氏体临界相变温度 910℃，在该温度条件下，H13 钢硬态切削亚表层内的物理场无法满足马氏体向奥氏体发生相转变的临界条件。分析原因在于，马氏体向奥氏体的转变是温度因素占主导的过程，硬态铣削属于非连续金属切削过程，单次切削由做功行程和空转行程两部分组成。其中，切削过程中产生的绝大部分热量被切屑带走，占比为 80%～90%[172]；传导进入工件的部分热量会在刀具与切削表面分离后继续向工件内部传导同时向周围环境进行热辐射，使切削表面的温度迅速冷却降温，冷却速率高达 10^5℃/s[19]。不同于连续性切削的车削，当达到稳态切

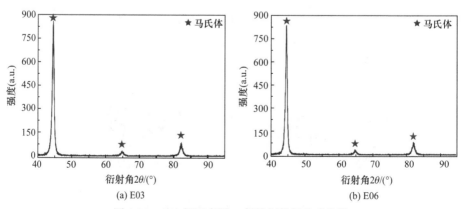

(a) E03　　　　　　　　　　　　　　　　(b) E06

图 4-24　H13 钢亚表层 X 射线衍射相组成分析

削状态后，工件切削表面温度最高并保持相对稳定，更容易发生相转变而在切削表面生成残余奥氏体。因此，与硬态车削相比，由于铣削的非连续特征，刀具与工件存在周期性的分离，空转时发生的热量耗散使得切削温度较低，刀具热变形小，有利于延长刀具使用寿命和降低表面层质量损伤，特别是降低切削亚表层显微组织的演变程度。

4.7　本章小结

本章借助 SEM 技术分析了不同工艺参数下 H13 钢硬态切削亚表层显微组织形貌特征变化；利用 EBSD 实验表征技术分析了切削亚表层材料的织构演变，包括晶粒、晶界、Schmid 因子和织构取向；综合 TEM、EBSD 和 XRD 相组成测试技术探究了切削亚表层显微组织演变机理和显微组织结构，主要结论归结如下：

(1) 根据 SEM 观察到的显微组织形貌特征，H13 钢硬态切削亚表层材料发生了剧烈的塑性变形，大致可以划分为三部分：非晶区、塑性变形区和基体；当切削参数较小时(如每齿进给量)，亚表层仅可以观测到塑性变形区和基体两部分。

(2) H13 钢切削亚表层小角度晶界频率出现不同程度的增大，与位错胞或亚晶结构的形成有关；基体试样表现出沿 X 方向 {101} 晶面的织构择优取向，然而切削试样的晶体取向随机分布，没有出现织构择优取向。

(3) 分析了 H13 钢硬态切削亚表层材料在机械-热载荷耦合作用下亚晶结构(或位错胞)的形成机理，即剪切拉伸变形→位错增殖、塞积→位错缠结形成胞壁→位错胞吸收周边晶体缺陷形成亚结构→亚结构晶界迁移、吞并周边位错缺陷形成亚晶组织。

第5章 H13钢硬态切削亚表层晶粒尺寸及显微硬度动态演变仿真

硬态切削过程中，强机械-热耦合载荷会造成亚表层材料显微组织发生演变，晶粒尺寸作为衡量亚表层显微组织结构最重要的指标之一，与切削过程中的物理量如温度场、应变场和应变率等因素密切相关。因此，通过建立 H13 钢硬态切削亚表层晶粒尺寸预测模型，包括基于 Z-H 方程参数模型和基于位错密度模型，以用户自定义子程序嵌入切削仿真模型中，揭示切削场变量(温度场、应力场和应变场等)的空间分布与动态再结晶晶粒尺寸之间的关系，对于实现 H13 钢硬态切削亚表层显微组织的动态演变仿真和实时预测具有十分重要的意义。

5.1 基于动态再结晶的切削亚表层晶粒尺寸和显微硬度动态演变仿真

5.1.1 晶粒尺寸和显微硬度预测模型的构建

切削亚表层显微组织结构的演变通常以晶粒尺寸的变化进行表征。而晶粒尺寸的变化与切削过程中的切削温度、应变和应变率等物理量有关。目前，在预测晶粒尺寸的显微组织演变模型中，与应变率相关的 Arrhenius 方程具有模型简洁、待定参数少以及通用性能好等优势，被广泛用于切削过程中动态再结晶晶粒尺寸以及由晶粒细化引起的显微硬度变化的预测中。

在 Arrhenius 方程中，定义参数 Z 用于计算动态再结晶行为导致的晶粒尺寸变化，如式(5-1)所示。对于参数 Z，其反映了与切削温度场和应变率相关的显微组织演变行为。Z-H 方程与晶粒尺寸之间的关系如下[198]：

$$Z = \dot{\varepsilon} \exp\left(\frac{Q}{RT}\right) \tag{5-1}$$

$$d = bZ^m \tag{5-2}$$

式中，参数 Q 和 R 分别为材料发生动态再结晶时的活化能和普适气体常数(8.3145J/(mol · K))；m 和 b 为与材料有关的常数。

　　在硬态切削过程中，当剪切应变达到或者超过材料的临界应变 ε_{cr} 后，材料就会产生动态再结晶行为[199]。根据 Sellars 模型，临界应变的计算方程如下：

$$\varepsilon_{cr} = aZ^c \tag{5-3}$$

式中，a 和 c 为两个与材料相关的常数。

　　由晶粒尺寸变化引起的显微硬度(HV)变化可以通过 H-P 方程计算得到[200]，即

$$HV = C_0 + C_1 d^{-0.5} \tag{5-4}$$

式中，比例系数 C_1 为与 H13 钢相关的材料常数；常数 C_0 为 H13 钢的初始显微硬度。对于 H13 钢，其初始显微硬度可以通过维氏硬度计多次测量取均值得到，取 500 HV。

　　由方程(5-4)可知，显微硬度的变化规律与晶粒尺寸成反比，即晶粒尺寸越小，显微硬度越高。

　　图 5-1 为实现 H13 钢硬态切削过程中动态再结晶晶粒尺寸和显微硬度仿真流程图。为了输出切削亚表层的晶粒尺寸和显微硬度，将使用 FORTRAN 语言汇编的用户自定义子程序 VUSDFLD 嵌入切削仿真软件 Abaqus/Explicit 中，实现宏观切削与微观晶粒尺寸和显微硬度仿真预测之间的数据传输与计算。当通过切削仿真得到的等效塑性应变达到发生动态再结晶的临界应变时，认为再结晶行为发

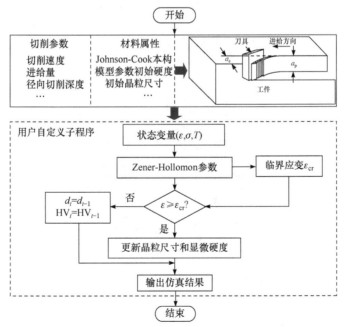

图 5-1　H13 钢切削亚表层晶粒尺寸和显微硬度仿真流程图

生，晶粒尺寸和对应的显微硬度通过式(5-2)和式(5-4)更新，直至切削过程运行结束。如果剪切应变数值达不到临界应变，那么晶粒尺寸和显微硬度值将保持不变。

5.1.2 模型参数的确定和实现

为了使预测晶粒尺寸和显微硬度的显微组织模型能够应用于 H13 钢的硬态切削有限元仿真，需要确定用户自定义子程序中材料模型 Z-H 方程和 H-P 方程中的参数。因此，首先要明确晶粒尺寸和显微硬度变化对方程中参数变化的敏感度；其次采用"试错法"对方程参数进行校准，直到所有参数满足模型要求。预测模型参数校准流程如图 5-2 所示。对于 H13 钢，Z-H 方程校准后的系数 b 和 m 的数值分别为 0.032 和–0.315，H-P 方程校准后的系数 C_0 和 C_1 的数值分别为 500 和 6.0。

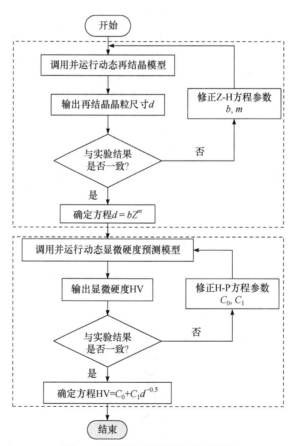

图 5-2 预测模型参数校准流程图

5.2　仿真结果讨论

5.2.1　切削速度对晶粒尺寸和显微硬度的影响

图 5-3 为不同切削速度下温度场、等效塑性应变场、动态再结晶晶粒尺寸和显微硬度的仿真结果。切削温度在刀具-切屑接触区获得最大值，切削速度为 200m/min 和 400m/min 时对应的温度值分别为 888℃和 1257℃。如图 5-3 所示，温度场分布云图上的刀具-切屑接触区的切削温度高于 H13 钢发生动态再结晶的临界温度 596℃。相比而言，位于剪切变形区和第三变形区的切削仿真温度低于动态再结晶临界温度 596℃。除此之外，切削过程中发生动态再结晶的另一个前提是临界应变[193]。通过等效塑性应变分布云图可以看到，厚度仅为几微米的梯度分布的应变层位于切削表面层。与较低的切削速度相比，采用较高的切削速度可以诱导切削表面层产生更高的应变。显然，动态再结晶晶粒尺寸分布云图表明三个变形区内的晶粒尺寸都发生了不同程度的细化。随着切削速度的提高，切削亚表层晶粒尺寸逐渐由较低切削速度时的 500nm 减小到较高切削速度时的 300nm 左右，降低了 45%。相应地，在晶粒发生细化的切削变形区，材料的显微硬度呈现上升趋势，如显微硬度分布云图所示。由于显微硬度值的增大是晶粒细化的结果，所以显微硬度分布云图与动态再结晶晶粒尺寸变化云图基本一致。同时，切削仿真结果也表明，动态再结晶晶粒尺寸越小，其显微硬度值越大。与 H13 钢基体的显微硬度值(500HV)相比，切削表面的显微硬度值在切削速度为 200m/min、300m/min 和 400m/min 条件下分别约为 780HV、820HV 和 840HV，分别提高了 56%、68%和 65.4%。

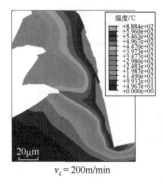 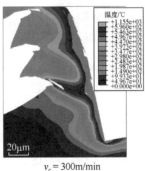 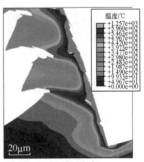

$v_c = 200$m/min　　$v_c = 300$m/min　　$v_c = 400$m/min

(a) 温度场分布云图

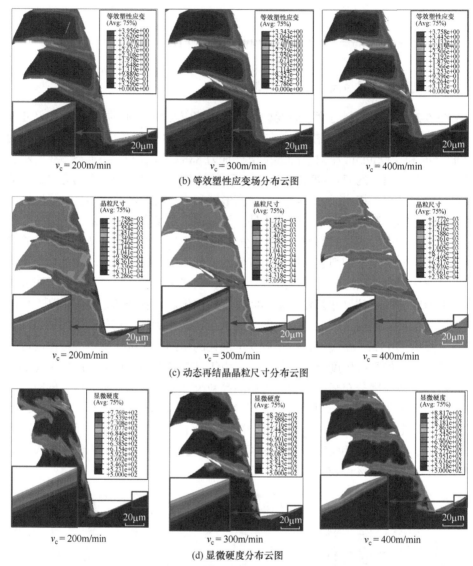

图 5-3　切削速度对温度、等效塑性应变、晶粒尺寸和显微硬度仿真结果的影响

通过图 5-4 可以看到，晶粒尺寸由切削表面沿深度方向不断增大，显微硬度逐渐减小。通过对比色标卡可知，晶粒尺寸的最小值和显微硬度的最大值并没有出现在切削亚表层，而是位于刀具-切屑接触区，这是因为切削表面层并不是机械-热耦合载荷的最强区域。由图 5-4 可知，发生晶粒细化的切削亚表层厚度很薄，为 1～3μm，而晶粒细化导致的硬化层深度为 2μm 左右。

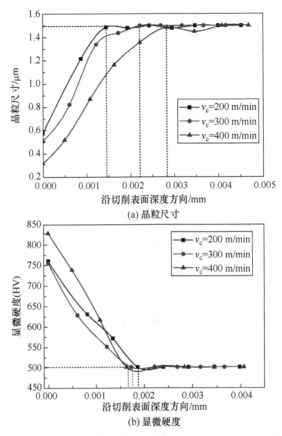

(a) 晶粒尺寸

(b) 显微硬度

图 5-4　切削速度对亚表层晶粒尺寸和显微硬度的影响

5.2.2　每齿进给量对晶粒尺寸和显微硬度的影响

图 5-5 是 H13 钢硬态切削过程中每齿进给量对场变量(切削温度和等效塑性应变)和状态变量(晶粒尺寸和显微硬度)的影响云图。如温度场分布云图和等效塑性应变场分布云图所示,切削温度和等效塑性应变两者都随着每齿进给量的增大而提高。当每齿进给量增大后,在垂直进给方向上切削厚度随之增加,参与去除的工件材料更多,需要消耗更多的机械能,而外部输入的机械能在切削过程中绝大部分会进一步转变成热能,造成切削区温度上升。如动态再结晶晶粒尺寸分布云图所示,晶粒尺寸随着每齿进给量的增大逐渐减小,切屑和切削亚表层的晶粒尺寸分布情况与切削变形区相匹配,切削变形区同时也是高温和材料发生剧烈塑性变形的位置。图 5-5 中的显微硬度分布云图表明,显微硬度对每齿进给量的变化较为敏感,分布规律与晶粒细化区域相符合。

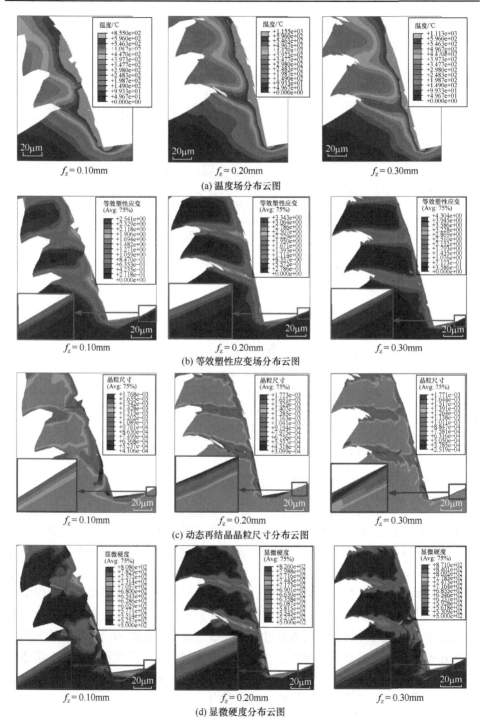

(a) 温度场分布云图

(b) 等效塑性应变场分布云图

(c) 动态再结晶晶粒尺寸分布云图

(d) 显微硬度分布云图

图 5-5　每齿进给量对温度、等效塑性应变、晶粒尺寸和显微硬度仿真结果的影响

图 5-6 展示了每齿进给量对亚表层晶粒尺寸和显微硬度沿切削表面深度方向变化趋势的影响。可以看出，一方面，发生晶粒细化的亚表层厚度变化范围为 1～2μm，当超出该厚度后，晶粒尺寸逐渐增大到初始晶粒尺寸 1.5μm；另一方面，切削亚表层的最小晶粒尺寸由每齿进给量 0.10mm 时的 750nm 减小到 0.30mm 时的 450nm，减小了 40%。对于硬度，切削亚表层的显微硬度最大值主要在 750～780HV。当深度超过 1.5μm 后，晶粒尺寸或显微硬度的急剧增大或减小表明温度和塑性应变的局部梯度变化同样显著。

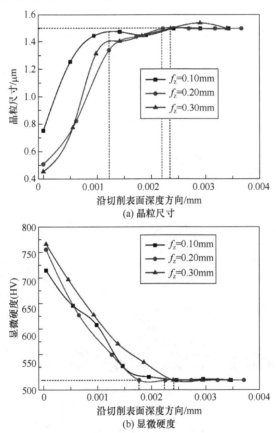

(a) 晶粒尺寸

(b) 显微硬度

图 5-6   每齿进给量对亚表层晶粒尺寸和显微硬度的影响

5.2.3   径向切削深度对晶粒尺寸和显微硬度的影响

图 5-7 是径向切削深度对 H13 钢硬态切削亚表层状态变量的影响，刀具-切屑接触区出现的最高切削温度随着径向切削深度的增加而明显上升。当径向切削深度为最大值 3.0mm 时，切削温度对亚表层的影响深度同样达到最大，并且向绝热剪切带位置延伸。此外，通过提取单元节点修正结果，可以看出等效塑性应

变值逐渐由小径向切削深度 1.0mm 时的 1.4 增大到大径向切削深度 3.0mm 时的 2.8。当径向切削深度为 1.0mm 时，平均晶粒尺寸约为 1.2μm，而当径向切削深度增大至 3.0mm 时，平均晶粒尺寸逐渐减小甚至小于 1.0μm。另外，在较小径向切削深度参数下亚表层内发生晶粒细化的连续性比大径向切削深度参数下差一些。当径向切削深度为 1.0mm、2.0mm 和 3.0mm 时，对应的亚表层平均显微硬度值分别为 630HV、660HV 和 690HV，与 H13 基体的显微硬度相比分别提高了 26%、32% 和 38%。而且，通过有限元仿真获得的切削表面的显微硬度最大值基本都超过了 650HV。

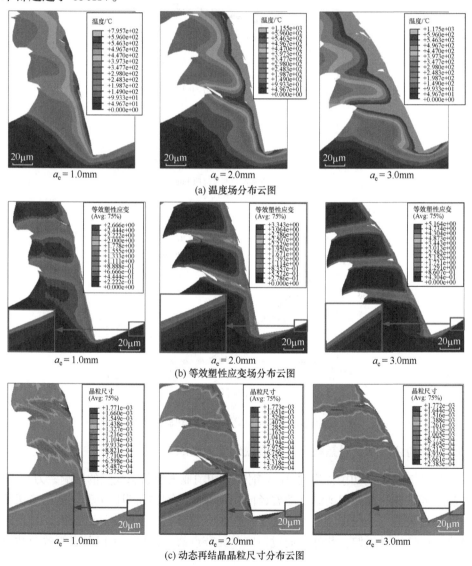

(a) 温度场分布云图

(b) 等效塑性应变场分布云图

(c) 动态再结晶晶粒尺寸分布云图

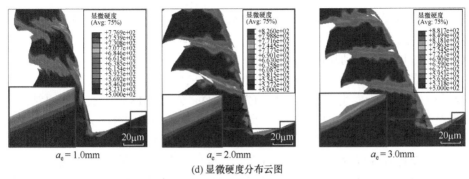

(d) 显微硬度分布云图

图 5-7　径向切削深度对温度、应变、晶粒尺寸和显微硬度仿真结果的影响

如图 5-8 所示，沿切削表面深度方向，动态再结晶晶粒尺寸不断增大。当径向切削深度由 1.0mm 增大到 2.0mm 时，最小晶粒尺寸的减小和最大显微硬度的增大十分显著，分别从 0.95μm 减小为 0.42μm 和由 650HV 增大至 755HV。当径

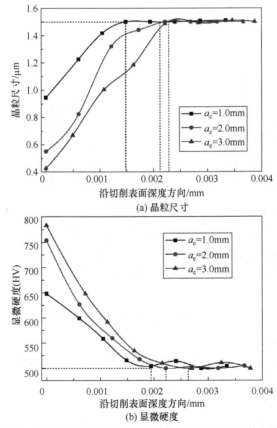

图 5-8　径向切削深度对亚表层晶粒尺寸和显微硬度的影响

向切削深度继续增大时，晶粒尺寸和显微硬度的变化并不显著。通过有限元仿真得到的最大显微硬度值为 650～770HV。尽管径向切削深度参数不同，动态再结晶亚表层厚度范围波动却很小，为 1.5～2.5μm。

　　温度是诱发动态再结晶的重要影响因素之一，所以温度值 $0.4T_m$ 通常被研究人员作为判定是否发生动态再结晶的先决条件。对于 H13 钢，其动态再结晶的临界温度约等于 596℃。如图 5-9 所示，在 H13 钢硬态切削有限元仿真过程中，三个主要变形区均可以观察到动态再结晶现象，但是只有刀具-切屑接触区的温度超过再结晶临界温度 596℃。实际上，与低应变率条件下的静态或者准静态塑性变形不同，高速硬态切削过程中切削变形区的材料应变率值非常高，接近 $10^5 \sim 10^6 \mathrm{s}^{-1}$。根据晶粒尺寸与参数 Z 之间的数学关系，可以确定晶粒尺寸随着 Z 的增大而下降。因此，在温度相对较低但应变率很高的条件下，材料的晶粒同样会产生动态再结晶，引起晶粒细化，导致尺寸减小。基于上述分析，尽管主剪切变形区和切削亚表层的温度没有达到动态再结晶的临界温度，但仍然发生了动态再结晶现象。

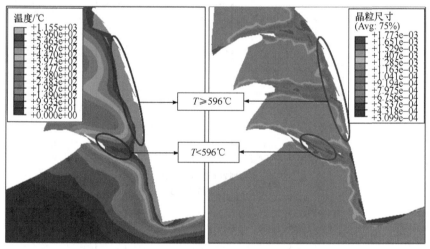

图 5-9　切削温度与再结晶晶粒尺寸分布规律映射云图

5.3　仿真与实验结果对比

　　图 5-10 为 H13 钢硬态切削的锯齿状切屑和亚表层显微组织发生演变区域的实验与仿真结果的对比。显然，锯齿状切屑和切削试样中发生显微组织演变的区域与有限元仿真结果完全一致，包括绝热剪切带、刀具-切屑接触区和切削亚表层。位于该切削变形区的显微组织的形貌明显与 H13 钢基体的显微组织形貌不同，切屑中的显微组织呈致密的纤维状，而切削亚表层的显微组织呈现剪切拉

伸状。

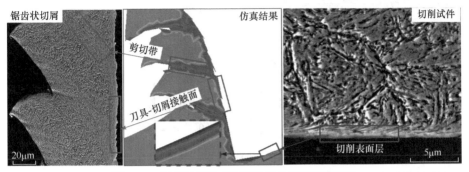

图 5-10　显微组织演变仿真结果与实验结果对比

　　为了验证构建的 H13 钢硬态切削亚表层动态再结晶晶粒尺寸和显微硬度预测模型的准确性，通过实验方法对切削亚表层晶粒尺寸和显微硬度进行测定，并与切削仿真结果进行对比验证。晶粒尺寸的评价是以观测到的位错胞或胞状亚结构作为发生动态再结晶的前提。尽管切屑可以为深入理解切削过程提供有益信息，但是切削表面完整性始终是学术界和工业界最根本的关注点。因此，仅对切削亚表层的动态再结晶晶粒尺寸和显微硬度仿真结果进行实验验证。

　　EBSD 显微结构表征技术是统计晶粒尺寸分布的一种常用有效方法，本节采用该方法对选取的三组实验条件(E01、E03 和 E06)下切削试样的亚表层晶粒尺寸进行统计分析，取样深度约为 10μm，如图 5-11 所示。可以看出，在不同的切削参数下，H13 钢硬态切削亚表层晶粒尺寸发生了明显变化，占据较大比例的晶粒尺寸基本上都小于 1μm。对于实验 E01、E03 和 E06，统计晶粒尺寸小于 1μm 的比例分别为 46%、61%和 54%。与 EBSD 统计的 H13 钢基体的有效晶粒尺寸 1.5μm 相比，证明了 H13 钢切削亚表层晶粒产生了细化，晶粒尺寸变得更小。在采用相同的切削参数条件下，切削亚表层晶粒尺寸的仿真结果分别为 576nm、510nm 和 754nm，均小于 1μm。尽管实验测量结果无法与仿真结果在深度方向上

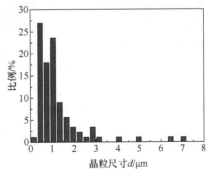

(a) E01

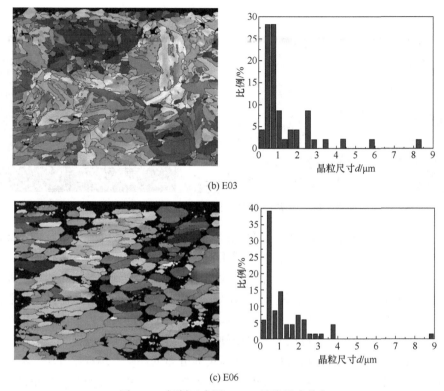

(b) E03

(c) E06

图 5-11　切削亚表层 EBSD 晶粒尺寸分布

完全对应，但是这在很大程度上证明了仿真结果的准确性，也表明建立的用于预测 H13 钢硬态切削亚表层晶粒尺寸演变的模型可行且有效。

图 5-12 为 H13 钢硬态切削亚表层的 TEM 显微组织结构图。如图中箭头所示，与 H13 钢基体的板条状马氏体单元和离散衍射光斑不同，观察到的类似于亚晶结构或位错胞的等轴晶粒充分说明了亚表层显微组织结构产生了明显的细化。此外，离散的衍射晶环向连续的衍射光环的转变也是大尺寸晶粒向小尺寸晶粒转变的体现。尽管细化之后的显微组织结构边界并不十分清晰，难以进行有效的粒径统计分析，但是通过仔细对比 TEM 图像标尺可以看到，细化后的晶粒(亚结构或位错胞)尺寸处于纳米尺度范畴。结合 EBSD 在微观尺度较大范围内的晶粒尺寸统计和 TEM 在纳米尺度范围内的显微分析，H13 钢硬态切削亚表层的原始马氏体单元被细化为纳米尺度的胞状亚结构或位错胞是真实存在的，同时也从统计学和显微观测上确定了仿真结果的准确性与显微组织预测模型的可靠性。

考虑到切削亚表层厚度的局限性，这里采用纳米压痕仪对显微硬度变化进行测量。根据 H-P 硬化效应，由于晶粒细化会造成显微硬度的提高，所以切削亚表层的硬度同样可以作为衡量硬态切削诱导亚表层显微组织演变的指标。设置压入深度为 0.5μm，加载载荷为 50mN 的实验参数对切削亚表层的显微硬度进行三次测量，取平均值作为有效值。仿真预测值以维氏显微硬度 HV 为单位，所以将纳米压痕仪测量得到的纳米硬度等效地转换成维氏硬度。表 5-1 对比了三种切削条件下切削亚表层硬度实验值与预测值，可以看到三组切削参数下显微硬度实验值与预测结果的相对误差最大值不超过 3%，两者具有很好的一致性。

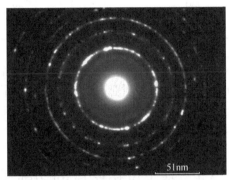

(a) E01

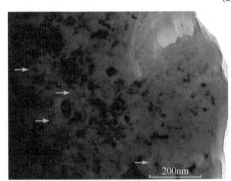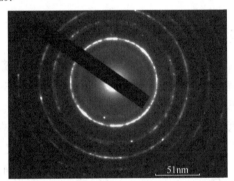

(b) E03

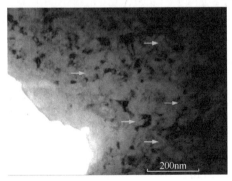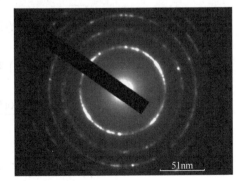

(c) E06

图 5-12　切削亚表层 TEM 显微组织结构图

表 5-1　H13 钢硬态切削加工表面硬度实验值与预测值的对比

实验编号	实验值		预测值(HV)	相对误差/%
	纳米硬度/GPa	维氏硬度(HV)		
E01	7.29	743.6	759	2.07
E03	7.50	765.0	754	1.44
E06	7.20	734.4	714	2.78

　　对比分析晶粒尺寸和显微硬度两者的实验值和预测值，结果表明构建的用于 H13 钢硬态切削亚表层晶粒尺寸和显微硬度预测的模型准确可靠，完全满足用于后续开展 H13 钢实际硬态切削过程中亚表层显微组织演变预测和参数优化的要求。

5.4　基于位错密度的切削亚表层晶粒尺寸动态演变仿真

5.4.1　晶粒尺寸演变模型构建

　　Baik 等[98]研究了铜在等通道转角挤压过程中晶粒尺寸变化，建立了基于位错密度的晶粒尺寸预测模型。Ding 和 Shin[101]研究了钛合金在切削过程中的晶粒尺寸演变过程，并建立了切削仿真模型。在该模型中，位错密度表征塑性变形程度，晶粒尺寸由位错密度计算得到。塑性变形生成的位错可以分为胞壁位错（ρ_{w}）和胞内位错（ρ_{c}），其中胞壁位错又可以分为几何必须位错（ρ_{wg}）和统计位错（ρ_{ws}），式(5-5)～式(5-8)表征了不同类型位错密度的增长率：

$$\dot{\rho}_{\mathrm{c}} = \alpha^* \frac{1}{\sqrt{3}b} \sqrt{\rho_{\mathrm{w}}} \dot{\gamma}_{\mathrm{w}}^{\mathrm{r}} - \beta^* \frac{6}{bd(1-f)^{1/3}} \dot{\gamma}_{\mathrm{c}}^{\mathrm{r}} - k_0 \left(\frac{\dot{\gamma}_{\mathrm{c}}^{\mathrm{r}}}{\dot{\gamma}_0} \right)^{-1/n} \rho_{\mathrm{c}} \dot{\gamma}_{\mathrm{c}}^{\mathrm{r}} \quad (5\text{-}5)$$

$$\dot{\rho}_{\mathrm{ws}} = \beta^* \frac{\sqrt{3}(1-f)}{fb} \sqrt{\rho_{\mathrm{w}}} \dot{\gamma}_{\mathrm{c}}^{\mathrm{r}} + (1-\xi)\beta^* \frac{6(1-f)^{2/3}}{bdf} \dot{\gamma}_{\mathrm{c}}^{\mathrm{r}} - k_0 \left(\frac{\dot{\gamma}_{\mathrm{w}}^{\mathrm{r}}}{\dot{\gamma}_0} \right)^{-1/n} \rho_{\mathrm{ws}} \dot{\gamma}_{\mathrm{w}}^{\mathrm{r}} \quad (5\text{-}6)$$

$$\dot{\rho}_{\mathrm{wg}} = \xi\beta^* \frac{6(1-f)^{2/3}}{bdf} \dot{\gamma}_{\mathrm{c}}^{\mathrm{r}} \quad (5\text{-}7)$$

$$\dot{\rho}_{\mathrm{w}} = \dot{\rho}_{\mathrm{ws}} + \dot{\rho}_{\mathrm{wg}} = \beta^* \frac{\sqrt{3}(1-f)}{fb} \sqrt{\rho_{\mathrm{w}}} \dot{\gamma}_{\mathrm{c}}^{\mathrm{r}} + \beta^* \frac{6(1-f)^{2/3}}{bdf} \dot{\gamma}_{\mathrm{c}}^{\mathrm{r}} - k_0 \left(\frac{\dot{\gamma}_{\mathrm{w}}^{\mathrm{r}}}{\dot{\gamma}_0} \right)^{-1/n} \rho_{\mathrm{w}} \dot{\gamma}_{\mathrm{w}}^{\mathrm{r}} \quad (5\text{-}8)$$

式中，ξ 为几何必须位错占胞壁位错的比例；α^*、β^*、k_0 为描述材料在塑性变形过程中位错变化速率的参数；d 为晶粒尺寸；n 为温度敏感性参数；f 为胞壁位错体积分数；b 为伯格斯矢量的值；$\dot{\gamma}_w^r$ 和 $\dot{\gamma}_c^r$ 分别为胞壁的剪切应变率和胞内的剪切应变率，且满足：

$$\dot{\gamma}_w^r = \dot{\gamma}_c^r = \dot{\gamma}^r \tag{5-9}$$

从而满足材料的应变统一性，剪切应变率可由式 (5-10) 得到：

$$\dot{\gamma}^r = M\dot{\varepsilon} \tag{5-10}$$

其中，M 为方向参量；$\dot{\varepsilon}$ 为塑性应变率。

式(5-5)和式(5-6)等号右边的第一项为塑性变形引起的位错增长，第二项表示塑性变形持续增加过程中胞内位错向胞壁聚集的过程，第三项为高温引起的动态回复导致的位错湮灭。

晶粒尺寸由总位错密度 ρ_{tot} 计算得到，其计算公式如下：

$$n = B/T \tag{5-11}$$

$$f = f_\infty + (f_0 - f_\infty)e^{-\gamma^r / \tilde{\gamma}^r} \tag{5-12}$$

$$\rho_{tot} = f\rho_w + (1-f)\rho_c \tag{5-13}$$

$$d = \frac{K}{\sqrt{\rho_{tot}}} \tag{5-14}$$

式中，K 为霍尔特常数；T 为温度；f_0 为胞壁位错占总位错的初始比例；f_∞ 为胞壁位错最终总位错的比例；γ^r 为剪切应变；$\tilde{\gamma}^r$ 为参考剪切应变。

5.4.2　演变模型子程序实现

基于位错密度模型的预测切削亚表层位错密度和晶粒尺寸的流程如图 5-13 所示。首先，从切削仿真模型中提取计算所需的物理参数(应变、应变率、温度等)传输给显微组织演变模型，然后计算位错密度模型需要的初始输入参数(剪切应变、剪切应变率等)，并通过模型进一步进行位错密度和晶粒尺寸的计算，以整个切削仿真过程是否结束为判定依据，如果没有结束则进行下一个时间步的运算，并实时更新总位错密度和晶粒尺寸的数值，最后得到总位错密度和晶粒尺寸在切削亚表层的分布规律。

通过将建立的显微组织演变预测模型以用户自定义子程序的方式嵌入切削仿真模型中进行计算，最终得到定量表征显微组织的参数：总位错密度 ρ_{tot} 和晶粒尺寸 d。以应变率场、温度场作为模型的输入参量，计算出位错密度的增长率，结合模型 t 时刻的位错密度计算出下一时间增量步的位错密度值，最后得到总的位错密度和等效晶粒尺寸，继而通过 Abaqus/Explicit 后处理器将切削亚表层位错密度和晶粒尺寸的仿真结果以云图的形式输出，也便于仿真模型的校准和调试。材料的屈服面和硬化参数可以在 VUHARD 子程序中定义，从而进行相关计算。

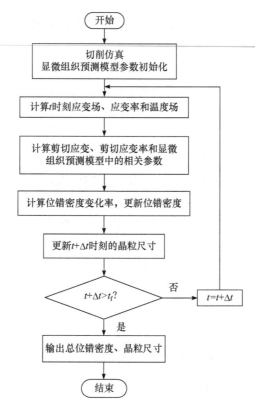

图 5-13　基于位错密度模型的预测切削亚表层位错密度和晶粒尺寸的流程

在 VUHARD 子程序中，将 Johnson-Cook 本构方程的计算结果作为屈服应力，完成模型中屈服应力的实时更新。

5.4.3　显微组织演变模型参数确定

基于位错密度的显微组织演变模型中的参数分为两类：一类是表征材料基体的金相组织属性，如胞壁位错体积分数、初始位错密度、方向因子等；另一类是用于模型中计算位错密度的参数，如 α^*、β^*、k_0 和 B 等，通过参数校准，仿真结果与实验结果相一致。表 5-2 和表 5-3 列出了显微组织模型中的参数值，其中参考剪切应变率 $\dot{\gamma}_0^*$ 的取值与切削参数有关，不同切削参数下剪切应变率不同，因此 $\dot{\gamma}_0^*$ 取值取决于实际剪切应变率。

表 5-2　H13 钢的材料状态参数[201]

参数名称	f_0	f_∞	K	M	ρ_{w0}/mm^{-2}	ρ_{c0}/mm^{-2}	b/mm^{-2}
参数值	0.25	0.06	5	3.06	1×10^6	1×10^7	2.86×10^{-7}

表 5-3　H13 钢的位错密度演变模型参数[201]

参数名称	α^*	β^*	k_0	B	$\tilde{\gamma}_0^\tau$	$\tilde{\gamma}^\tau$
参数值	0.06	0.01	$0.016T+0.4$	14900	$1\times10^4\sim1\times10^5$	3.2

5.5　显微组织演变模型验证

5.5.1　切屑显微组织演变形态验证

　　设定 H13 钢基体的初始位错密度为 $7.75\times10^6\text{mm}^{-2}$，初始晶粒尺寸为 1.50μm。在切削参数为 $v_c=200\text{m/min}$、$f_z=0.1\text{mm}$、$a_e=a_p=1.5\text{mm}$ 条件下，切屑显微组织演变的仿真结果与实验结果对比如图 5-14 所示。由切削仿真云图可知，在锯齿状切屑中，绝热剪切带和刀具-切屑接触区的位错密度远高于其他区域，平均位错密度值可达 $1.45\times10^9\text{mm}^{-2}$，而其他区域的平均位错密度约为 $3.62\times10^8\text{mm}^{-2}$。由式 (5-14)可知，晶粒尺寸与总位错密度的二次方根成反比，即位错密度值越大，对应的等效晶粒尺寸越小，绝热剪切带内和刀具-切屑接触区的等效晶粒尺寸平均约为 0.132μm，相比其他区域的平均晶粒值(约为 0.325μm)显著减小。同时可以看到，随锯齿状切屑中锯齿节的形成，位错密度和晶粒尺寸的分布情况呈周期性变化。通过分析实验切屑显微组织 SEM 图可知，切屑中绝热剪切带内和刀具-切屑接触区的显微组织发生了剧烈的塑性变形，而塑性变形通常是位错不断增殖累积的结果，剧烈的塑性变形还会造成晶粒的分割细化。其原因在于，绝热剪切带内材料发生热塑性失稳，显微组织沿绝热剪切的方向发生扭转变形；而刀具-切屑接触区的材料由于前刀面的挤压和摩擦作用，塑性变形程度同样非常剧烈，晶粒沿着切屑流动方向发生扭转拉伸。通过对比分析可知，利用构建模型预测切屑中显微组织演变的结果与实验结果基本一致。

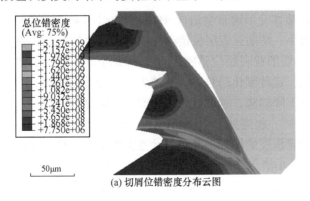

(a) 切屑位错密度分布云图

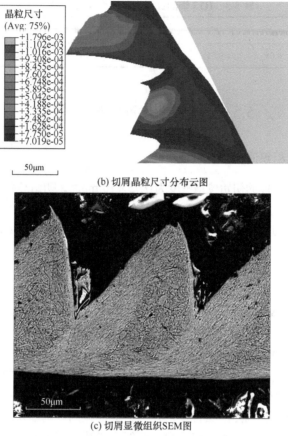

(b) 切屑晶粒尺寸分布云图

(c) 切屑显微组织SEM图

图 5-14　切屑显微组织演变的仿真结果与实验结果对比

(v_c = 200m/min，f_z = 0.1mm，a_e = a_p = 1.5mm)

5.5.2　切削亚表层显微组织形态验证

　　剧烈的剪切塑性变形通常会造成 H13 钢硬态切削亚表层内位错密度明显增加，晶粒尺寸减小。切削亚表层位错密度和晶粒尺寸的分布云图分别如图 5-15(a)和(b)所示。根据切削亚表层位错密度分布云图可知，切削亚表层位错密度呈现明显的梯度变化，这种变化趋势可以反映为云图颜色的变化。随着深度的增加，位错密度呈梯度下降趋势，越靠近切削表面，位错密度值越大，最大位错密度值接近 $3.0 \times 10^8 \text{mm}^{-2}$。相应地，图 5-15(b)表明晶粒尺寸在切削亚表层同样处于梯度分布状态，随着深度的增加，晶粒尺寸逐渐增大，与位错密度的变化趋势正好相反，晶粒尺寸最小值为 100～200nm，相比原始晶粒尺寸 1.50μm 发生了明显细化。图 5-15(c)为相同切削参数下的切削亚表层显微组织 SEM 图。显然，切削亚表层内的原奥氏体晶粒在切削方向上被拉长变形，但这种剧烈的塑性变形往往引

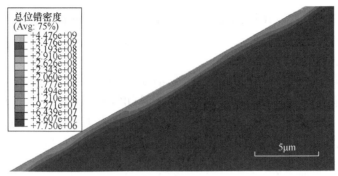

(a) 切削亚表层位错密度分布云图

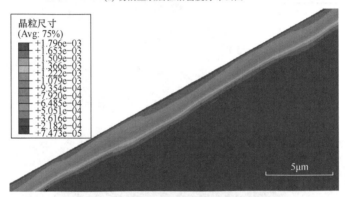

(b) 切削亚表层晶粒尺寸分布云图

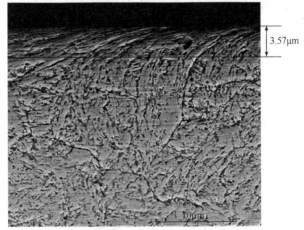

(c) 切削亚表层显微组织SEM图

图 5-15　切削亚表层显微组织演变仿真结果与实验结果对比
(v_c = 200m/min, f_z = 0.1mm, a_e = a_p= 1.5mm)

起板条马氏体的细化。随着深度的增加，晶粒拉伸变形的程度随之减缓，直至显微组织达到原始基体状态。通过分析切削亚表层发生的显微组织演变结果可知，仿真结果和实验结果基本一致。

为了从量化层面验证构建的显微组织演变模型的准确性，如图 5-16 所示，对发生晶粒细化的切削亚表层进行数据提取，从切削表面沿深度方向开始，一直延续至位错密度和晶粒尺寸与基体材料相同的位置。由于图中所示节点排列方向并非垂直于切削表面，在进行深度表征时，需要将节点对应位置进行等效换算，然后将切削亚表层内的位错密度、晶粒尺寸与实验值进行对比。

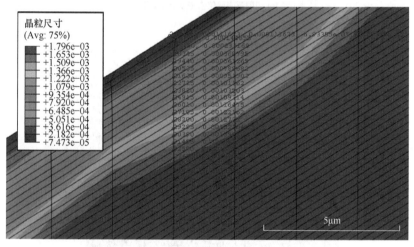

图 5-16　切削表面节点选取

借助 TEM 测试结果对细化的晶粒尺寸进行统计，如图 5-17 所示。由 5-17(a) 所示的 TEM 明场图像可以看出，原始的大尺寸板条状马氏体发生了细化，导致晶粒尺寸减小。将图 5-17(a)导入 IPP 软件中对细化后的晶粒进行识别、标定、计数，并通过计算等效晶粒直径(亚晶结构或位错胞)表征晶粒尺寸。IPP 软件中等效晶粒直径是指通过晶粒中心的每隔 2°的直径的平均值。利用统计的每个晶粒等效直径计算该切削条件下切削亚表层的平均晶粒尺寸。统计分析可知，晶粒尺寸约为120.8nm。图 5-18 是通过仿真得到的切削亚表层晶粒尺寸和位错密度的变化趋势，切削亚表层晶粒尺寸仿真结果为图 5-16 中选取节点及其相邻两节点晶粒尺寸的平均值，切削亚表层晶粒尺寸仿真结果约为 112.7nm，与实验结果的相对误差为 6.7%。由图 5-15(b)和(c)可知，亚表层厚度的仿真结果约为 3.04μm，实测值为3.57μm，相对误差为 14.8%。因此，从切削亚表层晶粒尺寸和亚表层厚度两方面均验证了显微组织演变模型的准确性，结果具有有效性。

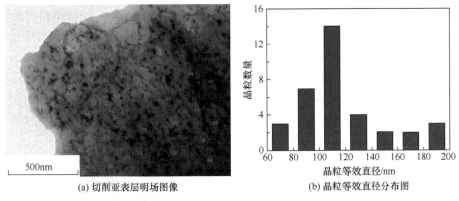

(a) 切削亚表层明场图像　　　　　(b) 晶粒等效直径分布图

图 5-17　晶粒尺寸统计示意图($v_c = 200$ m/min，$f_z = 0.1$ mm，$a_e = a_p = 1.5$ mm)

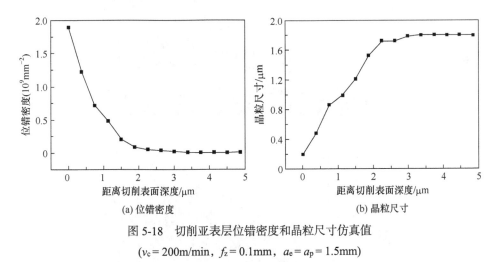

(a) 位错密度　　　　　　　　　(b) 晶粒尺寸

图 5-18　切削亚表层位错密度和晶粒尺寸仿真值

($v_c = 200$ m/min，$f_z = 0.1$ mm，$a_e = a_p = 1.5$ mm)

5.6　工艺参数对切削亚表层位错密度和晶粒尺寸的影响

5.6.1　切削速度对切削亚表层位错密度和晶粒尺寸的影响

切削速度显著影响切削过程中亚表层内的应变和应变率，一方面，切削速度的提高会加剧切削亚表层的塑性变形程度，促进晶粒细化；另一方面，剧烈的塑性变形产生大量的切削热，使切削变形区温度升高，甚至引起动态回复，削弱晶粒细化程度。本节借助基于位错密度的显微组织演变模型研究切削速度对切削亚表层位错密度和晶粒尺寸的影响。

图 5-19 展示了切削速度对切削亚表层位错密度和晶粒尺寸仿真结果的影响。

其中，切削速度分别取 100m/min、200m/min 和 300m/min，保持每齿进给量为 0.1mm、径向切削深度和轴向切削深度为 1.5mm 不变。对比色标卡，通过切削仿真云图可以看出，随着切削速度的提高，切削亚表层的位错密度逐渐增大，并且在高切削速度下局部出现了高密度位错区域。对于晶粒尺寸，切削亚表层的晶粒尺寸随着速度的提高有所下降，并且可以发现发生晶粒细化的切削亚表层深度随着速度的提高略有增大。另外，由于切削亚表层深度的增加，晶粒尺寸的梯度变化趋势相对较小的切削速度变化更为平缓。

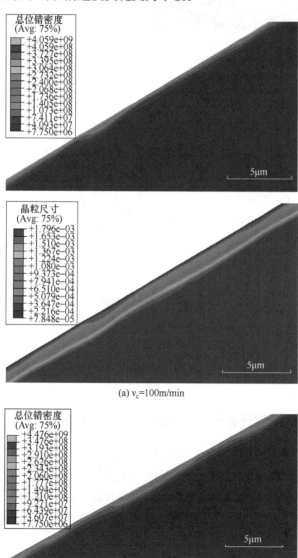

(a) v_c=100m/min

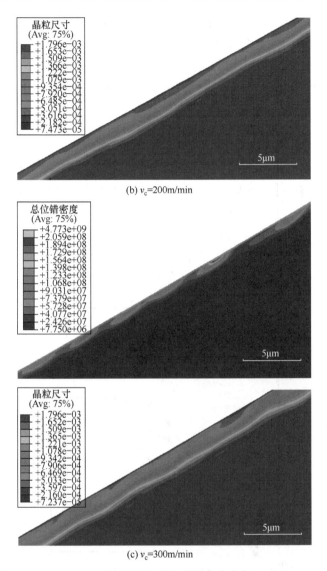

(b) v_c=200m/min

(c) v_c=300m/min

图 5-19 不同切削速度下切削亚表层位错密度和晶粒尺寸分布(f_z = 0.1mm，a_e = a_p = 1.5mm)

为了定量描述切削速度对切削亚表层位错密度和晶粒尺寸的影响，同样采用如图 5-16 所示的方式提取切削亚表层节点，对比分析不同切削速度下同一节点的位错密度和晶粒尺寸。图 5-20 为不同切削速度下切削亚表层深度方向位错密度和晶粒尺寸的变化曲线。由图 5-20(a)可知，当切削速度由 100m/min 经200m/min 增大到 300m/min 时，切削亚表层内位错密度最大值则由 $6.51 \times 10^8 \text{mm}^{-2}$ 经 $1.89 \times 10^9 \text{mm}^{-2}$ 增大为 $2.36 \times 10^9 \text{mm}^{-2}$。图 5-20(b)为切削速度对亚表层晶粒尺寸变化的影响，通过变化曲线可知，随着切削速度的提高，最小晶粒尺寸逐渐减小，分别为 0.196μm、0.115μm 和 0.103μm。当切削速度为 100m/min 和 200m/min 时，在深度为 1μm 的范围内晶粒尺寸变化并不显著，当深度超过 1μm 后，两者的区别才逐渐明显。在硬态切削过程中，切削速度的提高会导致切削亚表层材料发生塑性变形的时间大大缩短，应变率增大，使得切削亚表层内位错密度增大，晶粒尺寸减小。

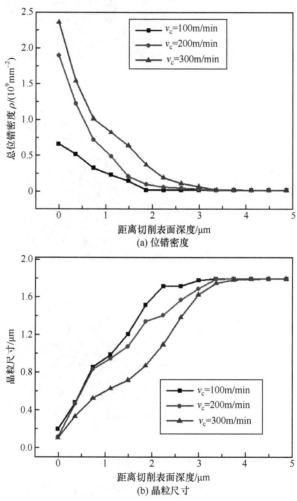

图 5-20　切削速度对切削亚表层位错密度和晶粒尺寸的影响($f_z = 0.1$mm，$a_e = a_p = 1.5$mm)

图 5-21 展示了切削速度对切削亚表层厚度的影响。由图可以发现，当切削速度由 100m/min 经 200m/min 增大到 300m/min 时，切削亚表层厚度分别达到了 2.82μm、3.04μm 和 3.89μm。当超过切削亚表层厚度后，位错密度和晶粒尺寸与基体数值基本一致。由此可以看出，随着切削速度的升高，切削亚表层材料的塑性变形程度加剧，使亚表层厚度也随之增大。

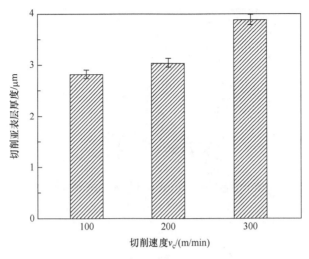

图 5-21　不同切削速度下亚表层厚度分布($f_z = 0.1\text{mm}$，$a_e = a_p = 1.5\text{mm}$)

5.6.2　刀具前角对切削亚表层位错密度和晶粒尺寸的影响

　　刀具前角直接影响切削变形区应变的大小和分布，刀具前角越小，切削过程中应变越大，诱导切削亚表层位错密度显著增加进而造成晶粒尺寸减小。通过减小刀具前角使切削变形区的材料塑性变形加剧，从而在切削亚表层获得更加细化的晶粒。本节借助显微组织预测模型研究了刀具前角对切削亚表层位错密度和晶粒尺寸的影响。

　　为了研究刀具前角对切削亚表层位错密度和晶粒尺寸的影响，刀具前角分别取 0°、+5°和+10°，切削速度为 200m/min，每齿进给量为 0.1mm，径向切削深度和轴向切削深度为 1.5mm。切削变形区的等效塑性应变仿真结果如图 5-22 所示，切削应变最大值出现在刀具-切屑接触区，即第二变形区，其次是锯齿状切

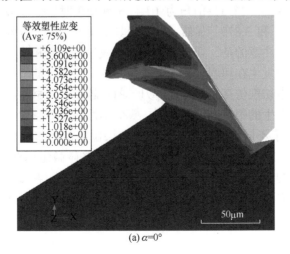

(a) $\alpha=0°$

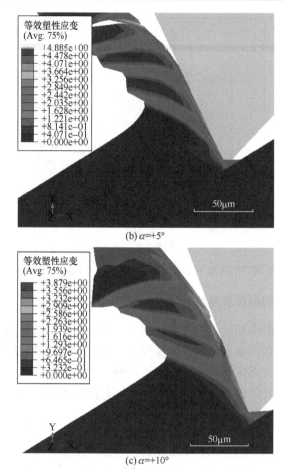

图 5-22　刀具前角对等效塑性应变的影响(v_c = 200m/min，f_z = 0.1mm，a_e = a_p = 1.5mm)

屑的绝热剪切带内部。当刀具前角为 0°、+5°和+10°时，等效塑性应变最大值依次为 6.109、4.885 和 3.879。显然，随着刀具前角的增大，等效塑性应变的最大值逐渐减小。需要注意的是，切削亚表层的等效塑性应变相比切屑而言较小，最大等效塑性应变值发生在切削表面，随着切削亚表层深度的增加逐渐减小，影响深度为数微米。由切削仿真结果可知，刀具前角越小，对材料的挤压和摩擦作用就越强烈，材料发生的塑性变形越剧烈，等效塑性应变就越大。

图 5-23 给出了不同刀具前角下切削亚表层位错密度和晶粒尺寸的切削仿真云图。分析图 5-23 可知，刀具前角对切削亚表层显微组织演变的影响十分显著。比对左上角的色标卡可知，切削亚表层的位错密度随着刀具前角的增大而减小，晶粒尺寸随刀具前角增大而增大，切削亚表层厚度随刀具前角增大而减小。

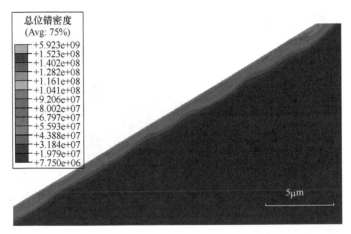

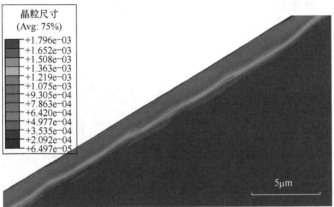

(a) $\alpha=0°$

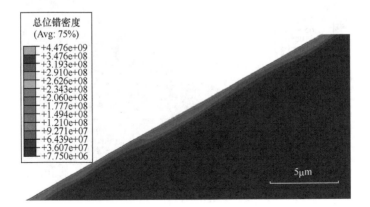

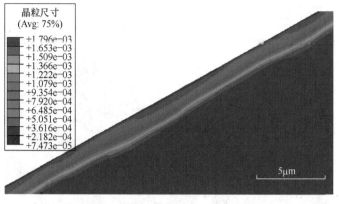

(b) α=+5°

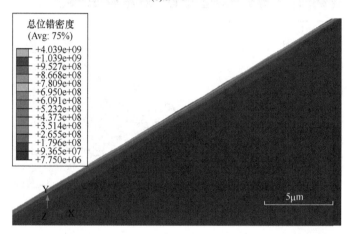

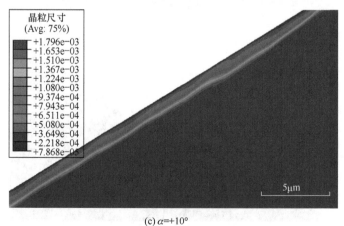

(c) α=+10°

图 5-23　刀具前角对切削亚表层位错密度和晶粒尺寸的影响

(v_c =200m/min, f_z = 0.1mm, a_e =a_p =1.5mm)

图 5-24 为不同刀具前角条件下切削亚表层位错密度和晶粒尺寸的变化曲线。当刀具前角分别为 0°、+5°和+10°时，切削亚表层的位错密度最大值分别为 $2.45 \times 10^9 \mathrm{mm}^{-2}$、$1.89 \times 10^9 \mathrm{mm}^{-2}$ 和 $7.89 \times 10^8 \mathrm{mm}^{-2}$，均出现在切削表面。随着刀具前角的增大，最小晶粒尺寸依次为 $0.101 \mu\mathrm{m}$、$0.115 \mu\mathrm{m}$ 和 $0.178 \mu\mathrm{m}$。当刀具前角较小时，第一变形区和切削亚表层的应变更大，同时材料更易发生由塑性变形引起的晶粒细化，导致切削亚表层厚度更大。

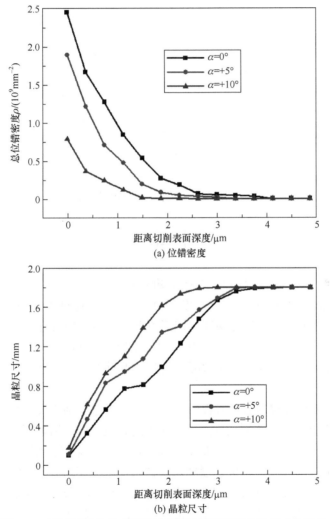

图 5-24　不同刀具前角对切削亚表层位错密度和晶粒尺寸的影响
($v_c = 200$ m/min, $f_z = 0.1$mm, $a_e = a_p = 1.5$mm)

刀具前角对切削亚表层厚度的影响如图 5-25 所示，当刀具前角分别为 0°、

+5°和+10°时，切削亚表层厚度分别为 4.17μm、3.04μm 和 2.64μm。仿真结果表明，刀具前角的减小对更深范围的显微组织演变产生影响，引起位错密度的增殖和晶粒尺寸的细化，造成切削亚表层厚度随着刀具前角的减小而增大。

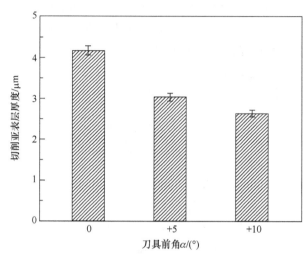

图 5-25　刀具前角对切削亚表层厚度的影响(v_c = 200m/min，f_z = 0.1mm，$a_e = a_p$ = 1.5mm)

5.7　本章小结

本章分别基于经验方程和位错密度建立且修正了满足 H13 钢硬态切削亚表层显微组织演变的预测模型，开发了基于这两个模型的用户自定义子程序 VUSDFLD，并将其嵌入经过验证的切削仿真模型中，探讨分析了不同切削参数对切削亚表层位错密度、动态再结晶晶粒尺寸和显微硬度的影响，通过 EBSD 和 TEM 显微组织表征技术以及显微硬度实验结果对仿真结果进行了验证。主要结论归结如下：

(1) 基于 Z-H 方程和 H-P 方程建立了 H13 钢硬态切削亚表层晶粒尺寸和显微硬度的预测模型。基于不同切削条件下获得的有限元仿真结果可知，亚表层内靠近切削表面的晶粒尺寸为300～800nm，均小于1μm，显微硬度为650～850HV。动态再结晶晶粒尺寸随着切削速度和每齿进给量的提高而减小，随着径向切削深度的增大先减小后逐渐增大。切削亚表层的显微硬度随着切削速度、每齿进给量和径向切削深度的变化趋势与再结晶晶粒尺寸的变化趋势正好相反。

(2) 通过对比显微组织演变的 SEM 图和仿真云图，定性地验证了显微组织演变的预测结果。尽管不能通过表征技术手段对晶粒尺寸在深度方向上的梯度变化做出验证，但是通过 EBSD、TEM 和纳米硬度的实验值，动态再结晶晶粒尺寸和显微硬度的仿真结果均得到了定量验证，表明 H13 钢硬态切削亚表层晶粒尺寸和显微硬度预测模型的有效性。

(3) 在 H13 钢切削仿真过程中，切削温度、等效塑性应变和应变率可以同时输出，动态再结晶在低于临界温度的条件下仍然可以发生，表明硬态切削过程中的高应变和应变率对动态再结晶行为影响显著。

(4) 基于位错密度构建了 H13 钢硬态切削亚表层显微组织演变预测模型。切屑中的晶粒发生了明显细化，其中刀具-切屑接触区最为明显，其次是切屑内的绝热剪切带。靠近后刀面的切削亚表层内晶粒发生明显细化，且沿深度方向逐渐增大直至达到原始晶粒尺寸。切削亚表层的晶粒尺寸仿真值与实验值误差约为 6.7%，亚表层厚度误差约为 14.8%。

(5) 切削亚表层的位错密度和厚度随切削速度增大而增大，晶粒尺寸随切削速度增大而减小；切削亚表层位错密度和亚表层厚度随刀具前角增大而减小，晶粒尺寸随刀具前角增大而增大。

第6章　切削表面层力学性能评定及硬态切削工艺优化

切削亚表层显微组织的梯度变化和硬脆性会造成微裂纹的萌生与扩展，最终引起模具的疲劳失效直至报废。本章通过寻找有效无损测试方法对切削表面层材料的宏观力学性能进行定量评定，揭示切削参数-显微组织-宏观力学性能之间的量化关系，进而通过优化切削参数，获得满足宏观力学性能要求的切削亚表层极限厚度，以此改善切削表面层质量和宏观力学性能，对于确保模具的可靠性和使用寿命具有重要意义。

6.1　自动球压痕实验

6.1.1　实验条件

由于切削亚表层材料的显微组织发生了变化，其宏观力学性能如屈服强度、断裂韧性、最大抗拉强度等也随之产生变化。为了评定 H13 钢硬态切削表面层材料的宏观力学性能，借助应力-应变显微测试系统进行自动球压痕测试，如图 6-1 和图 6-2 所示。考虑到自动球压痕测试对工件表面的光整度要求较高，为了消除切削表面缺陷(如积屑瘤、毛刺、侧流等)对压入深度计算的影响，测试前使用粒度为 P2000 的水磨砂纸对切削表面进行轻微抛光处理，同时尽量避免损伤发生剧烈塑性变形的亚表层。自动球压痕测试参数如表 6-1 所示。

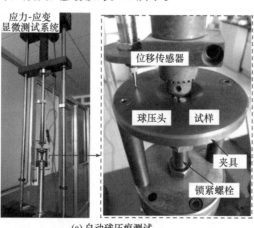

(a) 自动球压痕测试

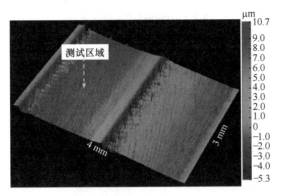

(b) 自动球压痕测试区域的三维形貌图

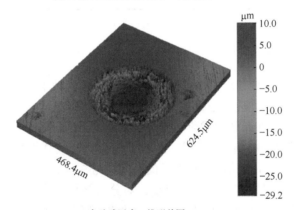

(c) 自动球压痕三维形貌图

图 6-1　自动球压痕力学性能测试

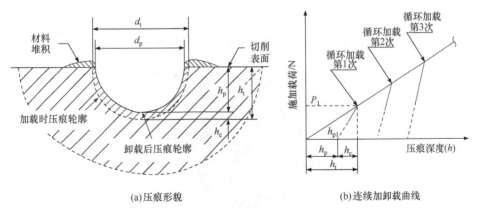

(a)压痕形貌　　　　　　　　　　　　　　　　(b)连续加卸载曲线

图 6-2　自动球压痕示意图

表 6-1　自动球压痕测试参数

参数名称	参数值
压头材料	碳化钨
压头直径/mm	0.76
压头杨氏模量/GPa	640
压头半径使用百分比/%	10
卸载百分比/%	40
测试环境	空气
压入速度/(mm/s)	0.003
采样频率/(pts/s)	50
加载次数	8～12

6.1.2　实验结果分析

在室温条件下开展针对 H13 钢基体和不同工艺参数下切削试样的连续加卸载压入试验，通过应力应变显微探针系统中的载荷传感器和位移传感器获得如图 6-3(c)所示的连续加卸载的载荷-压入深度曲线。由图 6-3(b)可以看出，在压痕的边缘发生了轻微的材料"堆积"。虽然堆积会对有效弹性模量的计算产生影响 [202,203]，但是由于压痕边缘材料堆积的高度约为 3μm，与压头直径 0.76mm 相比，压痕边缘材料"堆积"的高度很小，对分析结果的影响很小，可以忽略不计。图 6-3(c)为对 H13 钢基体进行三次自动球压痕测试得到的三条载荷-压入深度曲线，可以看出这三条曲线的吻合度很高，说明结果的可重复性良好。

为了研究不同工艺参数(切削速度、每齿进给量、径向切削深度、刃口钝圆半径和刀尖圆弧半径)对表面层材料宏观力学性能的影响，通过对切削试样进行自动球压痕测试，获得如图 6-4 所示的载荷-压入深度曲线。为了保证压痕实验结

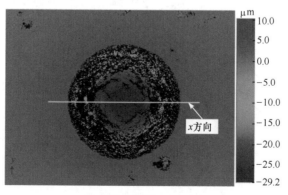

(a) 压痕二维形貌

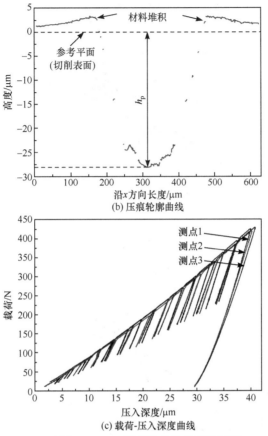

(b) 压痕轮廓曲线

(c) 载荷-压入深度曲线

图 6-3　H13 钢基体自动球压痕测试

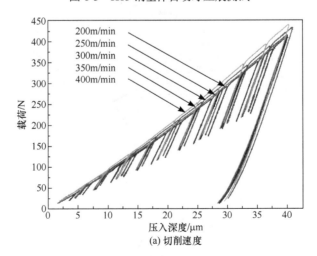

(a) 切削速度

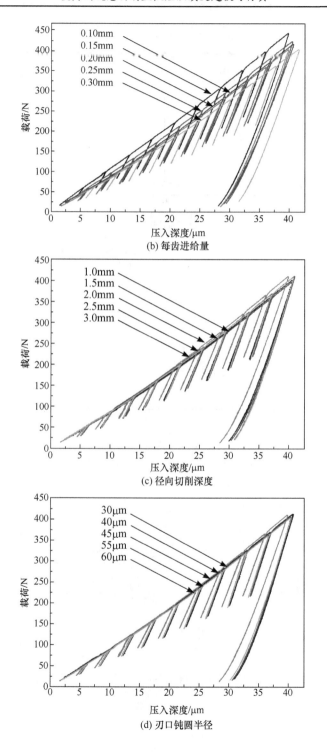

(b) 每齿进给量

(c) 径向切削深度

(d) 刃口钝圆半径

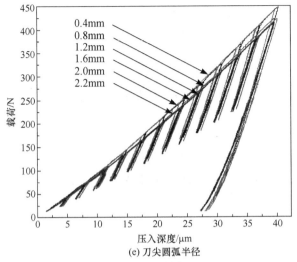

(e) 刀尖圆弧半径

图 6-4　不同工艺参数下切削试样的载荷-压入深度曲线

果的可靠性，保证每个切削试样至少获得三条有效的载荷-压入深度曲线(即三个压入点)，将计算得到的力学指标数值取均值。

6.2　基于自动球压痕法的表面层力学性能评定

6.2.1　屈服强度、应变硬化指数、抗拉强度和硬度计算

根据图 6-4 所示的切削试样表面层材料的载荷-压入深度曲线，通过式(6-1)和式(6-2)可以分别计算得到真实应力(σ_t)[203]和真实应变(ε_p)[204]：

$$\sigma_\mathrm{t} = \frac{4P}{\pi d_\mathrm{p}^2 \delta_0} \tag{6-1}$$

$$\varepsilon_\mathrm{p} = \frac{0.2 d_\mathrm{p}}{D_\mathrm{i}} \tag{6-2}$$

式中，P 为压入载荷，N；d_p 为塑性变形压痕直径；δ_0 为与压痕下方应力有关的约束参数；D_i 为压头直径。

对于参数 d_p，可以通过 Hertzian 方程计算得到[205]：

$$d_\mathrm{p} = \sqrt[3]{2.735 P \left(\frac{1}{E_1} + \frac{1}{E_2} \right) D \left(\frac{h_\mathrm{p}^2 + 0.25 d_\mathrm{p}^2}{h_\mathrm{p}^2 + 0.25 d_\mathrm{p}^2 - h_\mathrm{p} D} \right)} \tag{6-3}$$

式中，E_1 和 E_2 分别为压头和试样的弹性模量。

对于材料屈服强度(σ_y)的计算可以通过式(6-4)求得

$$\sigma_y = \beta_m A \tag{6-4}$$

式中，β_m 为材料常数；参数 A 可以通过回归分析获得

$$\frac{p}{d_t^2} = A\left(\frac{d_t}{D}\right)^{m-2} \tag{6-5}$$

根据式(6-1)和式(6-2)可以计算得到材料的真应力-真应变曲线，该曲线可以通过幂次定律方程表示[206]，即

$$\sigma_t = K\varepsilon_p^n \tag{6-6}$$

式中，K 为强度系数；n 为应变硬化指数。

对于抗拉强度(σ_b)的计算可以通过式(6-7)获得[207]

$$\sigma_b = K\left(\frac{n}{e}\right)^n \tag{6-7}$$

式中，参数 e 取 2.718。

此外，文献[208]和[209]指出可以利用自动球压痕的载荷最大值 P_{max}(N)和塑性压痕直径 d_p(mm)计算材料的布氏硬度，计算公式如下：

$$HBW = 0.102 \times \frac{2P_{max}}{\pi D\left(D - \sqrt{D^2 - d_p^2}\right)} \tag{6-8}$$

6.2.2　断裂韧度计算

在弹塑性条件下，当应力场强度因子增大到某一临界值时，会造成裂纹失稳扩展而导致材料断裂，这个临界或失稳扩展的应力场强度因子即断裂韧度。它反映了材料抵抗裂纹失稳扩展的能力，是衡量材料力学性能的重要指标。相关研究表明[210, 211]，基于连续损伤力学理论，借助自动球压痕实验同样可以计算材料的断裂韧度。假设在任意一个无限大平面内存在一条长度为 $2a$ 的裂纹，那么断裂韧度可以通过式(6-9)求得[212]

$$K_{IC} = \sigma_f\sqrt{\pi a} \tag{6-9}$$

其中，

$$\sigma_f = \sqrt{\frac{2Ew_f}{\pi a}} \tag{6-10}$$

式中，σ_f、w_f 和 E 分别为材料断裂时的拉应力、单个裂纹面产生所需的能量和材料的弹性模量。

将式(6-10)代入式(6-9)，可得

$$K_{IC} = \sqrt{2Ew_f} \tag{6-11}$$

其中，w_f 为加载载荷 P 对压头压入深度 h 的积分，计算公式如下：

$$2w_f = \lim_{h \to h^*} \int_0^h \frac{4F}{\pi d^2} dh = \frac{S_0}{\pi} \ln\left(\frac{D}{D - h^*}\right) \tag{6-12}$$

式中，S_0 为连续加卸载实验得到的载荷-压入深度曲线的斜率；D 为压头的直径；h^* 为临界压入深度。

由于在自动球压痕实验中，试样不存在明显的裂纹损伤，所以无法通过测量方法获得临界压入深度 h^* 的数值。Kachanov[213]基于连续损伤力学提出了与材料亚表层微观缺陷密度相关联的损伤变量 M：

$$M = \frac{S_D}{S} \tag{6-13}$$

式中，S_D 为由于亚表层微观缺陷存在而减少的面积；S 为加载区的横断面面积。

根据 Lemaitre[214]提出的应变等效原理，损伤变量 M 可以通过弹性模量 E 的变化来表示：

$$M = 1 - \frac{E_D}{E} \tag{6-14}$$

式中，E 为原始基体的弹性模量；E_D 为损伤材料的弹性模量。

文献[215]指出，随着压入深度的增加，压头下方材料的损伤程度也增加。因此，损伤材料的弹性模量 E_D 可以通过 ABI 试验分析得到，即

$$E_D = \frac{1 - v^2}{\dfrac{2\sqrt{A_c}}{\sqrt{\pi}S_u} - \dfrac{1 - v_i^2}{E_i}} \tag{6-15}$$

式中，v 和 v_i 分别为材料和压头的泊松比；A_c 为压头与材料接触区的投影面积；S_u 为载荷-压入深度曲线中卸载曲线的斜率；E_i 为压头的弹性模量。

借助式(6-15)，可以计算得到每一个压入深度卸载时损伤材料的弹性模量 E_D，进而通过对 $\ln h$ 和 $\ln E_D$ 进行线性拟合得到压入深度 h 和损伤材料弹性模量

E_D 之间的关系。接下来，只需得到弹性模量临界值 E_D^* 就可以通过拟合关系式计算出临界损伤压入深度 h^*。由式(6-14)可知，E_D^* 临界值与临界损伤参数 M^* 有关，而损伤参数 M 又与孔洞率 f 存在如下关系：

$$M = \frac{\pi}{\left(\dfrac{4\pi}{3}\right)^{2/3}} f^{2/3} \tag{6-16}$$

通常情况下，延性材料裂纹稳定扩展时的临界孔洞率 f^* 取值为 0.25[216]。因此，通过式(6-16)、式(6-15)和式(6-13)可分别求得临界弹性模量 E_D^* 和临界损伤压入深度 h^*，再将临界损伤压入深度 h^* 代入式(6-12)即可求得 w_f，从而确定材料的临界断裂韧度 K_{IC}。

以 H13 钢基体的断裂韧度计算为例，结合图 6-3(c)中的载荷-压入深度曲线和方程(6-15)，取临界孔洞率 $f^* = 0.25$，可以计算得到不同压入深度 h 的损伤材料的有效弹性模量 E_D，绘制曲线如图 6-5 所示。由图可知，第一个点对应的材料几乎没有发生损伤，其有效弹性模量约为 194GPa，与 H13 钢基体通过拉伸实验得到的弹性模量 207GPa 相比，两者的数值基本一致，相对误差仅为 6.3%。因此，对应临界损伤参数 M^* 的临界 E_D^* 为 109.72GPa。

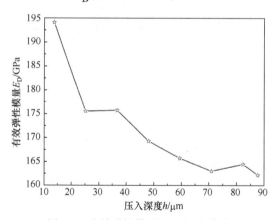

图 6-5　有效弹性模量-压入深度曲线

由于对应临界 E_D^* 的临界压入深度 h^* 无法通过如图 6-3(c)所示的载荷-压入深度曲线直接获得，需要对数据做进一步处理。分别对有效弹性模量 E_D 和压入深度 h 取对数之后的关系曲线如图 6-6 所示，可以看到 $\ln h$ 和 $\ln E_D$ 两者的线性拟合度较好，拟合方程如式(6-17)所示，置信水平 $R^2 = 0.95$。因此，临界 $\ln E_D^*$ 对应 $\ln h^*$，由外推法可知 $\ln E_D^*(109.72) = 4.70$，代入式(6-17)得到 $\ln h^*$，从而得到临界压

入深度 $h^* = 323.76\mu m$。

$$\ln E_{\mathrm{D}} = -0.24924\ln h + 6.14173 \qquad (6\text{-}17)$$

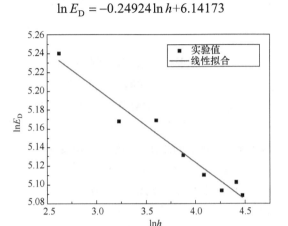

图 6-6　$\ln h$ 和 $\ln E_{\mathrm{D}}$ 之间的关系曲线

　　将计算得到的临界压入深度 $h^* = 323.76\mu m$ 代入式(6-12)，并联合式(6-11)即可求得 H13 钢基体的断裂韧度 $K_{\mathrm{IC}} = 21.49\mathrm{MPa} \cdot \mathrm{m}^{1/2}$。

6.3　实验结果与讨论

6.3.1　切削速度对力学性能的影响

　　图 6-7 给出了切削速度对切削表面层材料力学性能的影响。如图 6-7(a)所示，一方面，在不同切削速度下，切削表面层材料的屈服强度从基体的 1140MPa 下降到约 1050MPa；另一方面，虽然切削速度由 200m/min 不断增大到 400m/min，表面层材料的屈服强度仍然保持在 1050MPa 附近，但并没有表现出较大幅度的波动。由此看来，尽管切削表面层材料的屈服强度有所下降，但是其对切削速度变化的敏感性并不显著甚至很小。应变硬化指数 n 反映了金属材料抵抗均匀塑性变形的能力，是表征金属材料应变硬化行为的性能指标。应变硬化指数随切削速度的变化曲线如图 6-7(b)所示，显然，在不同切削速度下，切削表面层材料的应变硬化指数值普遍高于基体的应变硬化指数 0.074。类似地，无论切削速度高还是低，应变硬化指数波动趋势很小，约为 0.80。材料的应变硬化指数越高，表明材料抗热软化和早期微裂纹产生的能力更强，零件的疲劳寿命越长。图 6-7(c)为最大抗拉强度随切削速度的变化曲线，当切削速度小于 300m/min 时，试样的最大抗拉强度显著小于基体材料的 1304MPa。当切削速度继续增大到 350m/min 和 400m/min 时，切削试样的最大抗拉强度接

近基体材料的水平。总体而言，最大抗拉强度随着切削速度的提高逐步上升。分析原因在于，当切削速度较高时，后刀面和切削表面的接触时间缩短，机械载荷和热载荷对已切削表面的作用时间也会相应减少。如图 6-7(d)所示，利用自动球压痕测量得到的表面层硬度随着切削速度的提高而增大，说明切削速度越高，加工硬化程度越显著，但是，切削表面层的硬度低于 H13 钢基体的硬度465HBW。与使用自动球压痕技术测得的切削表面层材料硬度值低于基体硬度不同，利用纳米压痕技术或显微硬度计测得的表面层硬度高于基体硬度。

　　分析以往的研究报道，推测该现象的产生可能是由压头尺寸效应引起的[217,218]。一方面，Liu 等[217]的研究表明，晶粒尺寸越大，硬度越高，晶体材料的硬度值最高。文献[80]和[219]提供的实验结果表明，切削亚表层的显微组织结构是由大量的尺度为纳米级别的细小晶粒构成的；另一方面，结合王春芳等[220]以及Shibata 等[221]的研究可知，板条块尺寸和板条块边界被认为是对材料强度起决定作用的因素。于鑫等[118]对比分析了马氏体钢布氏硬度(HBW)、显微硬度(HV)和纳米硬度(Hn)的测试结果，根据他们的研究可以推测，布氏硬度降低说明板条马氏体亚结构强化作用并没有在本书中体现出来，显微硬度和纳米硬度的增加表明板条块边界的强化作用显著。切削速度对表面层材料的断裂韧度的影响如图 6-7(e)所示，断裂韧度均比 H13 钢基体的断裂韧度 21.49MPa·m$^{1/2}$ 小，但是表面层材料的断裂韧性随着切削速度的提高而逐渐增加。然而，当切削速度超过350m/min 时，断裂韧性发生突降，由 350m/min 时的 20.71MPa·m$^{1/2}$ 降为400m/min 时的 15.16MPa·m$^{1/2}$，减小了约 26.80%。通常情况下，随着切削速度的提高，切削亚表层的厚度略微增大[222]。当切削速度处于较高水平时，刀具的磨损速率也会加剧，进而造成切削表面层质量降低。

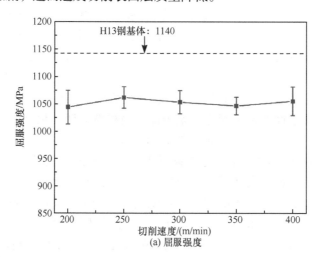

(a) 屈服强度

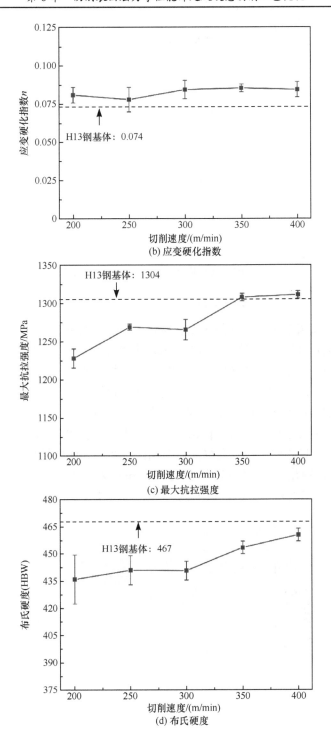

(b) 应变硬化指数

(c) 最大抗拉强度

(d) 布氏硬度

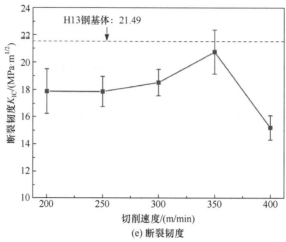

(e) 断裂韧度

图 6-7　切削速度对切削表面层材料力学性能的影响

6.3.2　每齿进给量对力学性能的影响

图 6-8 为每齿进给量对切削表面层材料力学性能的影响，就材料的屈服强度而言(图 6-8(a))，当每齿进给量由 0.10mm 增大到 0.30mm 时，其屈服强度的数值则从 1028MPa 下降至 987MPa，当每齿进给量为 0.20mm 时，屈服强度略有波动，变化曲线呈现小幅度上升。与基体的应变硬化指数 0.074 相比，图 6-8(b)表明切削表面层材料的应变硬化指数数值更大，在每齿进给量为 0.10~0.30mm 的变化范围内，应变硬化指数最大值出现在每齿进给量 f=0.25mm 的情况下，最大值为 0.106。与基体材料的最大抗拉强度相比，切削表面层材料抗拉强度的最大值和最小值分别出现在每齿进给量为 0.15mm 和 0.30mm 参数时，分别为 1363MPa 和 1181MPa。布氏硬度的变化趋势与最大抗拉强度的变化趋势基本一

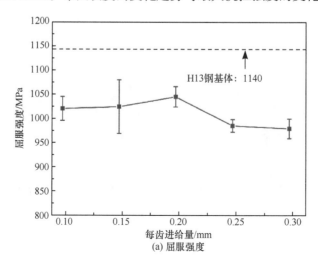

(a) 屈服强度

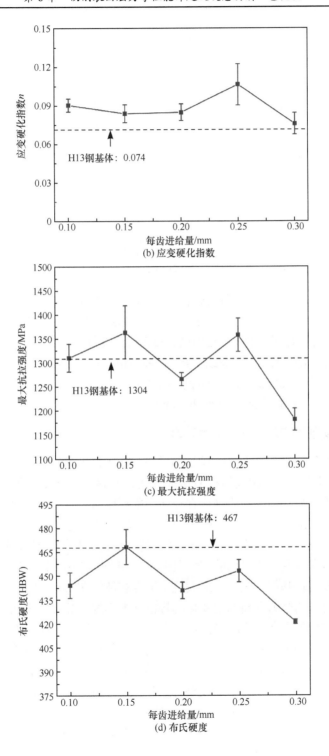

(b) 应变硬化指数

(c) 最大抗拉强度

(d) 布氏硬度

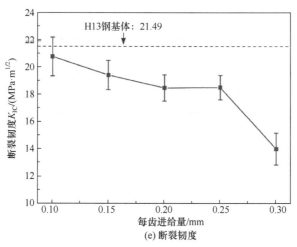

图 6-8　每齿进给量对切削表面层材料力学性能的影响

致，如图 6-8(d)所示，实测硬度最大值和最小值同样对应着每齿进给量为 0.15mm 和 0.30mm 的切削参数，其值分别为 468HBW 和 421HBW。此外，通过图 6-8(c)和(d)可以看到，最大抗拉强度和布氏硬度随每齿进给量的变化呈现出一定的波动，没有出现单调的增加或下降趋势。如图 6-8(e)所示，当每齿进给量由 0.10mm 增大到 0.30mm 时，切削试样的断裂韧度几乎呈线性下降，从 $20.77MPa \cdot m^{1/2}$ 一直减小到 $13.99MPa \cdot m^{1/2}$。

6.3.3　径向切削深度对力学性能的影响

图 6-9 为径向切削深度对切削表面层材料力学性能的影响。如图 6-9(a)所示，无论采用较小或者较大的径向切削深度，材料屈服强度相较基体都有所降低。切削表面层材料最大屈服强度在径向切削深度 a_e 为 2.0mm 时取得，最大屈服强度为 1050MPa。对于应变硬化指数，径向切削深度对该力学指标的影响十分不明显，当径向切削深度由 1.0mm 增加到 3.0mm 时，切削表面层材料的应变硬化指数一直保持在 0.074 附近。通过图 6-9(c)和图 6-9(d)可以看出，最大抗拉强度和布氏硬度值较基体均减小。最大抗拉强度和硬度在 a_e 为 2.0mm 时同时取得最大值，并且这两个力学指标的变化趋势也基本一致。综合屈服强度、应变硬化指数、最大抗拉强度和硬度随径向切削深度的变化规律，这四个力学指标均呈现先增大后逐渐减小的趋势，其中径向切削深度 a_e 为 2.0mm 是整个变化曲线的拐点。随着径向切削深度的增大，材料断裂韧度总体上呈下降趋势(图 6-9(e))，当径向切削深度 a_e 为 1.5mm 时，断裂韧度略有上升。以切削速度、每齿进给量和切削深度为变量，Liu 等[117]也研究了 Incoloy A286 合金切削表面层材料的断裂韧度变化规律。在一定切削变量范围内，其研究结果与本书的实验结果具有一定的相似

性。不同的是，Liu 等计算得到的断裂韧度普遍高于基体，与本书发现不同。

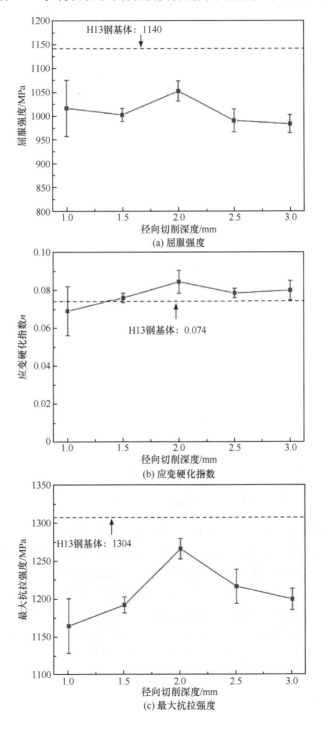

(a) 屈服强度

(b) 应变硬化指数

(c) 最大抗拉强度

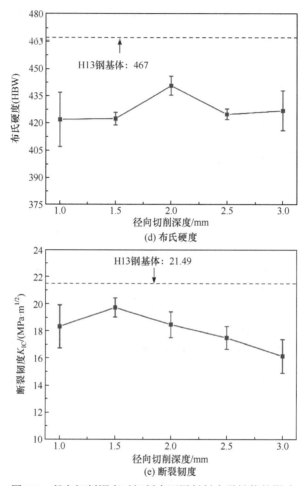

图 6-9　径向切削深度对切削表面层材料力学性能的影响

6.3.4　刃口钝圆半径对力学性能的影响

在硬态切削过程中，使用具有合适几何微结构的刀具可以有效减缓刀具磨损和提高切削稳定性[223]。为了评价刀具刃口钝圆半径对切削表面层宏观力学性能的影响，自动球压痕测试结果如图 6-10 所示。如图 6-10(a)所示，当刃口钝圆半径由 30μm 增大到 45μm 时，切削表面层材料的屈服强度由 1053MPa 下降为937MPa。随着刃口钝圆半径的继续增大，屈服强度并没有继续减小反而呈现小幅上扬。应变硬化指数随刃口钝圆半径的变化规律如图 6-10(b)所示，在刃口钝圆半径为 30~60μm 的范围内，切削表面层材料的应变硬化指数同样高于 H13 钢基体的 0.074。但是，应变硬化指数的变化范围一直处于 0.085~0.090，并没有随着刃口钝圆半径的变化出现大的波动。对于最大抗拉强度和布氏硬度，这两个力学指标的变化趋势与屈服强度随刃口钝圆半径的变化规律具有高度相似性。最大抗拉强度和布氏硬度均小于 H13 钢基体的对应指标，对比发现屈服强度、最大抗拉强度和布氏硬度的最大值均在刃口钝圆半径为 30μm 的条件下出现，分别为 1053MPa、1265.5MPa 和 440HBW。断裂韧度随着每齿进给量和径向切削深度增大呈下降趋势，而由图 6-10(e) 可以看出，断裂韧度随着刀具刃口钝圆半径的增大而总体表现为上升趋势，除了刃口钝圆半径由 40μm 增大到 45μm，断裂韧度由 18.84MPa·m$^{1/2}$ 略有减小到 17.94MPa·m$^{1/2}$ 外，断裂韧度随着刃口钝圆半径的增加逐渐增大，当刃口钝圆半径为 60μm 时断裂韧度达到最大值 22.55MPa·m$^{1/2}$。目前，对于加工硬化和晶粒细化是否有利于延长切削零件的疲劳寿命一直存在争议 [116,224]，也有可能是两种机理共同存在、相互竞争的结果。当使用钝圆刃口的刀具进行切削时，刀具-工件之间的 "犁耕" 作用 [225] 会对已切削表面产生

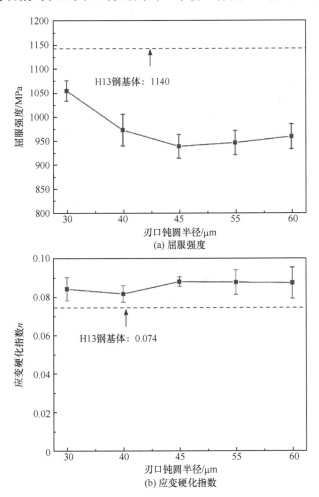

(a) 屈服强度

(b) 应变硬化指数

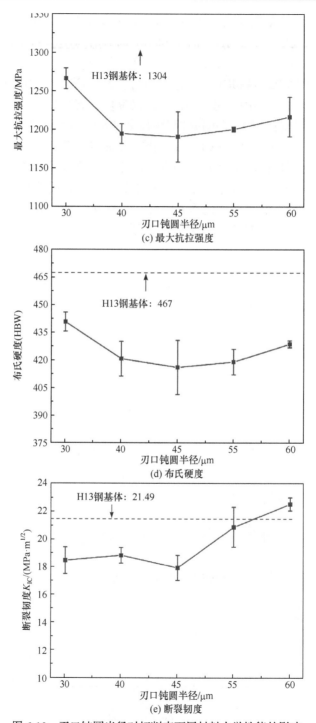

图 6-10 刃口钝圆半径对切削表面层材料力学性能的影响

"熨压"作用[226]，从而改变切削表面层的残余应力分布状态，并且可以作为材料表面改性的有效手段[227]。据此可以推测，切削表面层材料的断裂韧度随着刀具刃口钝圆半径的增大而缓慢提高。

6.3.5　刀尖圆弧半径对力学性能的影响

刀尖圆弧是指主切削刃和副切削刃相交位置所形成的圆角。从图 6-11(a)可以看到，除了当刀尖圆弧半径为 1.6mm 和 2.0mm 时，表面层材料的屈服强度基本与 H13 钢基体数值保持相等外，对于采用其他刀尖圆弧半径刀具获得的切削工件，屈服强度相比基体都有不同程度下降。特别是当刀尖圆弧半径由 2.0mm 增大到 2.4mm 后，表面层材料的屈服强度由 1146MPa 突然减小至 1032MPa，减少了约10%。对于应变硬化指数，其变化规律与屈服强度的变化趋势恰好相反，应变硬化指数在刀尖圆弧半径为 1.6mm 和 2.0mm 时的数值反而较小，分别为 0.0675 和 0.0715，略低于基体的 0.074。但是当刀尖圆弧半径由 2.0mm 增大到 2.4mm 时，应变硬化指数由 0.0715 又迅速增大到 0.0925。图 6-11(c)表明，材料的最大抗拉强度在刀尖圆弧半径为 0.4mm 的条件下取得最大值 1343MPa。随后，随着刀尖圆弧半径的增大最大抗拉强度呈现缓慢上升趋势，在刀尖圆弧半径为 0.8mm 时达到最小值 1265MPa。在刀尖圆弧半径为 2.0mm 时，最大抗拉强度值再次超过基体，达到 1321MPa。图 6-11(d)显示切削表面层的硬度值普遍低于基体硬度值。当刀尖圆弧半径为 0.4mm 和 2.0mm 时，硬度值分别为 462HBW 和 465HBW，接近基体硬度值467HBW，并且与屈服强度和最大抗拉强度变化总体趋势相似。其中，在刀尖圆弧半径为 0.8mm 时，硬度值最小。刀尖圆弧半径对切削表面层材料的断裂韧度的影响如图 6-11(e)所示，显然，随着刀尖圆弧半径的增大，断裂韧度存在比较明显的波动。断裂韧度在刀尖圆弧半

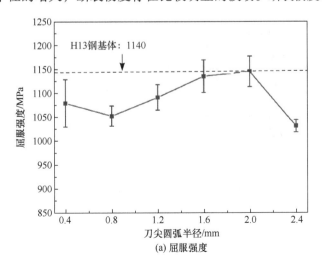

(a) 屈服强度

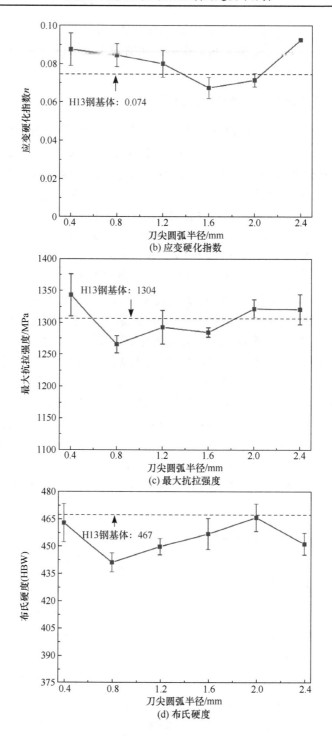

(b) 应变硬化指数

(c) 最大抗拉强度

(d) 布氏硬度

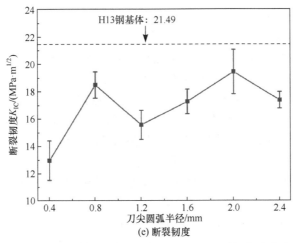

(e) 断裂韧度

图 6-11　刀尖圆弧半径对切削表面层材料力学性能的影响

径为 0.4mm 和 2.0mm 时分别取得最小值 12.95MPa · m$^{1/2}$ 和最大值 19.42MPa · m$^{1/2}$。结合对切削亚表层显微组织演变的分析，可以确定切削表面层材料断裂韧度的下降与显微组织结构的演变(包括晶粒细化和塑性变形)和加工硬化等现象密切相关。

以切削速度、每齿进给量、径向切削深度、刃口钝圆半径和刀尖圆弧半径为变量，利用自动球压痕测试技术探究不同工艺参数下切削表面层材料的宏观力学性能变化。综合图 6-7～图 6-11 可知，屈服强度、最大抗拉强度和布氏硬度随切削变量的变化趋势具有一定的同步性；反观应变硬化指数，该力学指标的变化趋势则与屈服强度、最大抗拉强度和布氏硬度的变化规律恰好相反。相关研究表明[111,112,228]，材料的硬度与屈服强度、最大抗拉强度存在关联，利用数据拟合可以得到材料硬度与屈服强度和最大抗拉强度之间的数学关系方程。对比已有研究，使用自动球压痕测试技术测得的 H13 钢硬态切削试样表面层材料的硬度与屈服强度和最大抗拉强度随切削变量的变化趋势同样表现出较好的一致性。基于实验结果，证明了自动球压痕测试技术在评价切削表面层材料宏观力学性能方面具有很好的适用性和应用潜力。

6.3.6　工艺参数、亚表层厚度和力学性能之间的映射关系

图 6-12 揭示了不同工艺参数下切削亚表层厚度与表面层材料断裂韧度力学指标之间的映射关系。亚表层(变质层)厚度值越大，表明切削对工件表面层材料造成的损伤程度越严重。如图 6-12(a)所示，亚表层厚度随着切削速度增大的变化并不十分明显，当切削速度低于 350m/min 时，切削表面层材料的断裂韧度的波动幅度同样较小。但是，断裂韧度在 400m/min 时下降程度较大，而此时的亚表层厚度并没有出现大幅度增加。据此推断，切削速度提高会使切削温度迅速攀

升，从而造成切削表面层材料内产生残余拉应力而非压应力，疲劳裂纹在拉应力状态下更容易萌生，最终造成断裂韧度减小。图 6-12(b)清楚地反映了断裂韧度随着每齿进给量的增大而减小的变化趋势。切削亚表层材料硬度高且脆性大，随着亚表层厚度增大，自动球压痕实验压入深度范围内更多的是硬脆材料，从而导致计算得到的断裂韧度不断减小。由图 6-12(c)可以看出，亚表层厚度随着径向切削深度的增大先减小后增大，而对应计算得到的断裂韧度先增大后逐渐减小，两者的变化规律具有较好的同步性。刀具刃口钝圆半径对亚表层厚度和表面层材料的断裂韧度的影响如图 6-12(d)所示，亚表层厚度随着刃口钝圆半径的增大一直增大，而断裂韧度总体上也随着亚表层厚度的增大而缓慢增大。与高温诱导表面层形成残余拉应力状态不同，较大半径的钝圆刃口会对已切削表面造成二次"熨压"，使切削表面层材料内部处于压应力状态而引起断裂韧度的增大。由于热作模具的主要失效形式之一是疲劳裂纹，而断裂韧度作为反映材料抵抗裂纹失稳扩展能力的指标，对衡量热作模具抗裂纹开裂的性能显得十分重要。

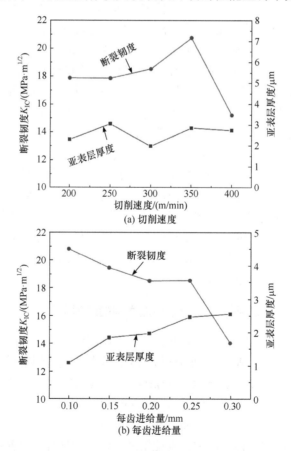

(a) 切削速度

(b) 每齿进给量

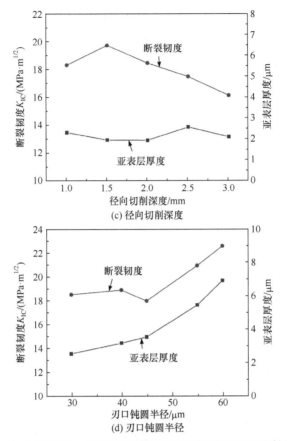

图 6-12　工艺参数、切削亚表层厚度与断裂韧度之间的映射关系

　　总体而言，断裂韧度随着亚表层厚度的增大逐渐减小。分析原因在于，一方面，切削加工会造成表面层材料具有较大的硬脆性，极大促进了疲劳裂纹的萌生与扩展；另一方面，切削亚表层(变质层)材料的显微组织不同于基体，导致其弹性模量变小(图 6-5)，结合式(6-9)和式(6-10)可知，弹性模量减小最终会使材料的断裂韧度减小。就断裂韧度这一力学指标而言，不同工艺参数下切削亚表层厚度与表面层材料的断裂韧度之间可以建立相对完整的映射关系。

　　通过 6.3.1～6.3.5 节可知，切削表面层材料的屈服强度、最大抗拉强度和布氏硬度随着不同工艺参数的变化呈现相似的变化规律，因此以屈服强度这一力学指标为例分析亚表层厚度与工艺参数之间的映射关系。如图 6-13(a)所示，切削速度对亚表层厚度的影响很小，因此表面层材料的屈服强度变化也不大，一直在1050MPa 左右。图 6-13(b)表明屈服强度随着亚表层厚度的逐渐变大而略有减小，屈服强度在亚表层厚度最大时取得最小值，此时每齿进给量为 0.30mm。这种变化趋势还体现在以刃口钝圆半径为变量，亚表层厚度的增大随着表面层材料屈服强度的降低(图 6-13(d))。由图 6-13(c)可知，随着径向切削深度的增大，亚表层厚度变化较小，屈服强度的整体变化也不大。在径向切削深度为 2.0mm 时，亚表层厚度最小，此时表面层材料的屈服强度也最大。对比发现，利用自动球压痕测试技术

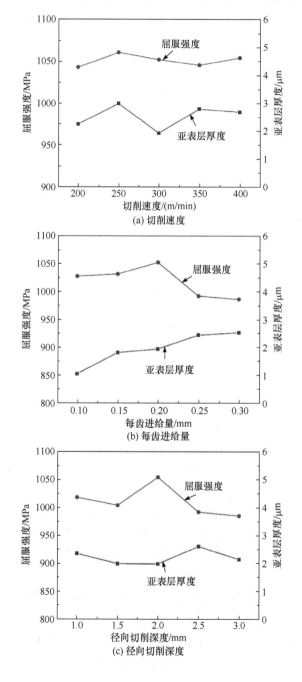

(a) 切削速度

(b) 每齿进给量

(c) 径向切削深度

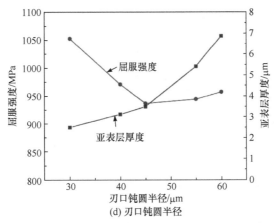

图 6-13 工艺参数、亚表层厚度与屈服强度之间的映射关系

测得的力学指标与切削亚表层厚度变化规律一一对应，这既证明了切削表面层材料的力学性能变化是由亚表层显微组织演变引起的，又说明了利用自动球压痕测试技术进行微区材料力学性能测试的可行性。当然，如果想要获得更为准确的力学指标，压痕的压入深度最好不超过亚表层厚度，这对测试设备提出了更高的要求。

6.4 基于切削亚表层厚度的硬态切削工艺参数优化

6.4.1 基于中心组合响应曲面法的硬态切削实验设计

基于 4.3.4 节和 6.3.4 节的研究结果可知，刀具刃口钝圆半径对切削亚表层厚度和宏观力学性能的影响最显著，多个力学性能指标相比 H13 钢基体降低程度最大。因此，在设计硬态切削工艺参数优化实验时，未将刃口钝圆半径考虑在内，采用中心复合设计，选择切削速度(v_c)、每齿进给量(f_z)、径向切削深度(a_e)和刀尖圆弧半径(r)为优化因素，以切削亚表层厚度为响应值，设计 4 因素 5 水平共 30 个响应面分析实验。实验因素与水平如表 6-2 所示。

表 6-2 中心复合设计实验因素与水平

因素	水平				
	−2	−1	0	1	2
A：切削速度/(m/min)	100	150	200	250	300
B：每齿进给量/mm	0.10	0.15	0.20	0.25	0.30
C：径向切削深度/mm	1.0	1.5	2.0	2.5	3.0
D：刀尖圆弧半径/mm	0.8	1.2	1.6	2.0	2.4

6.4.2　切削亚表层厚度预测模型

对 30 组不同工艺参数下的切削亚表层厚度进行测量，实验结果如表 6-3 所示。

表 6-3　实验结果

试验编号	切削参数				亚表层厚度 d/μm
	A/(m/min)	B/mm	C/mm	D/mm	
1	200	0.20	2.0	1.6	3.12
2	100	0.20	2.0	1.6	1.63
3	300	0.20	2.0	1.6	3.67
4	150	0.15	2.5	1.2	1.85
5	200	0.20	1.0	1.6	2.33
6	150	0.15	1.5	1.2	2.14
7	150	0.15	1.5	2.0	2.66
8	200	0.20	2.0	1.6	2.89
9	150	0.25	1.5	1.2	2.41
10	200	0.10	2.0	1.6	2.39
11	200	0.20	2.0	1.6	2.90
12	200	0.20	2.0	0.8	2.13
13	150	0.25	2.5	2.0	3.22
14	200	0.20	2.0	1.6	3.15
15	250	0.15	1.5	1.2	2.87
16	250	0.15	1.5	2.0	4.08
17	250	0.15	2.5	1.2	2.33
18	200	0.30	2.0	1.6	3.32
19	250	0.25	2.5	1.2	3.02
20	200	0.20	3.0	1.6	2.27
21	250	0.15	2.5	2.0	4.02
22	250	0.25	1.5	1.2	3.55
23	150	0.15	2.5	2.0	2.83
24	200	0.20	2.0	1.6	3.42
25	150	0.25	1.5	2.0	3.37
26	200	0.20	2.0	1.6	3.18
27	250	0.25	2.5	2.0	4.53
28	200	0.20	2.0	2.4	5.45
29	150	0.25	2.5	1.2	2.57
30	250	0.25	1.5	2.0	4.68

借助软件 Design-Expert 8.0.6 对表 6-3 中的数据进行多元二阶方程回归，拟合数学模型如下：

$$y = \beta_0 + \sum_{i=1}^{m} \beta_i x_i + \sum_{i<j}^{m} \beta_{ij} x_i x_j + \sum_{i=1}^{m} \beta_{ii} x_i^2 \tag{6-18}$$

通过分析得到响应变量亚表层厚度 d 与自变量切削速度 v_c、每齿进给量 f_z、径向切削深度 a_e 和刀尖圆弧半径 r 的二次回归模型预测方程(以编码值为自变量)如下：

$$
\begin{aligned}
d = {} & 3.11 + 0.50A + 0.27B - 0.63C + 0.64D + 0.024AB - 0.073AC + 0.15AD + 3.125 \\
& \times 10^{-3}BC - 9.375 \times 10^{-39}BD + 0.0634CD - 0.076A^2 - 0.025B^2 - 0.16C^2 + 0.21D^2
\end{aligned}
$$

$$\tag{6-19}$$

转化为实际切削工艺参数的亚表层厚度预测模型如下：

$$
\begin{aligned}
d = {} & -0.59667 + 0.013992v_c + 7.85833f_z + 2.54417a_e - 4.64479r + 9.75 \times 10^{-3}v_c f_z \\
& - 2.925 \times 10^{-3}v_c a_e + 7.59375 \times 10^{-3}v_c r + 0.125f_z a_e - 0.46875f_z r + 0.31563a_e r \\
& - 3.0375 \times 10^{-5}v_c^2 - 9.875f_z^2 - 0.65375a_e^2 + 1.30664r^2
\end{aligned}
$$

$$\tag{6-20}$$

由亚表层厚度预测模型的方差分析结果可知(表 6-4)，切削速度 v_c、每齿进给量 f_z 和刀尖圆弧半径 r 三个因素对亚表层厚度 d 影响显著，并且切削速度 v_c 和刀尖圆弧半径 r 交互作用影响显著；其余各单因素和交互因素对亚表层厚度 d 的影响并不显著。综合分析可知，各切削参数对亚表层厚度 d 的影响显著程度依次为 $r > v_c > f_z > a_e$。此外，预测模型 d 回归模型概率小于 0.0001，说明利用响应曲面法建立的回归模型高度显著。此外，建立模型的复相关系数 $R^2 > 0.80$，表明模型的拟合程度良好，可信度较高，误差较小，可以借助此模型对 H13 钢硬态切削亚表层厚度进行分析和预测。

表 6-4　亚表层厚度预测模型的方差分析

来源	平方和	自由度	均方差	F 值	概率 P	显著性
模型	20.65	14	1.47	20.19	< 0.0001	显著
残差	1.10	15	0.073	—	—	—
失拟检验	0.90	10	0.09	2.31	0.1844	不显著
纯误差	0.20	5	0.039	—	—	—
总和	21.74	29				
模型汇总			R^2=94.96%		调整后 R^2=90.26%	

如图 6-14 所示，通过分析拟合得到的残差-正态概率分布图，可以看到亚表层厚度的残差相对于正态分布绝大部分散点都靠近均值或者分布在均值附近，说明残差服从正态分布，数据拟合满足要求。从图 6-15 可以看出，通过预测模型计算得到的亚表层厚度 d 与实测值非常接近，进一步说明回归模型的可信度高。

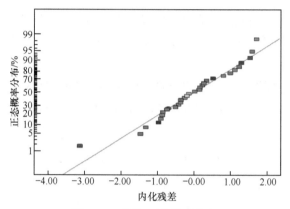

图 6-14　残差-正态概率分布

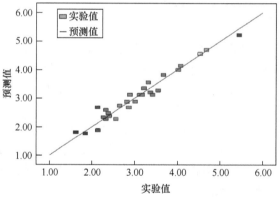

图 6-15　实验值和预测值的对比图

6.4.3　工艺参数对亚表层厚度的影响及最优工艺参数组合

切削工艺参数对切削亚表层厚度影响的响应曲面如图 6-16 所示，根据响应曲面和等高线分布可以获得任意两个切削因素对亚表层厚度 d 的交互作用。

由图 6-16(a)可以看出，亚表层厚度 d 随着切削速度 v_c 和每齿进给量 f_z 的增加而增大。与每齿进给量 f_z 相比，亚表层厚度 d 随着切削速度 v_c 的增加而增大的趋势更加明显。尽管亚表层厚度 d 随着每齿进给量 f_z 的增加也增大，但是上升趋势较为平缓，效果并不显著。通过图 6-16(b)可知，亚表层厚度 d 随着径向切削深度 a_e 的增加呈减小趋势，但是减小的趋势并不显著。当切削速度 v_c 为较大数

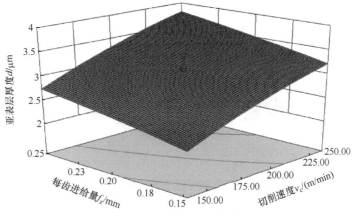

(a) 切削速度v_c和每齿进给量f_z对亚表层厚度d的响应曲面

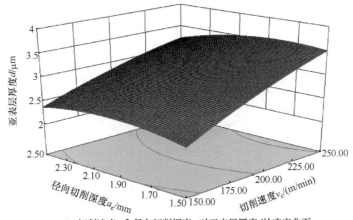

(b) 切削速度v_c和径向切削深度a_e对亚表层厚度d的响应曲面

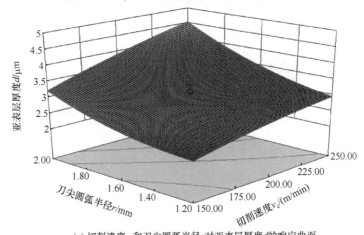

(c) 切削速度v_c和刀尖圆弧半径r对亚表层厚度d的响应曲面

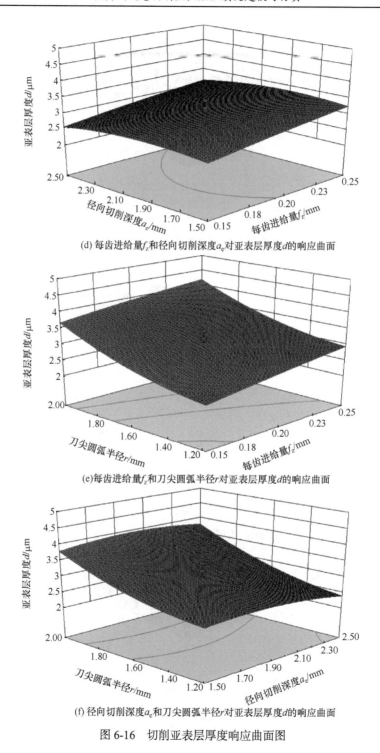

(d) 每齿进给量f_z和径向切削深度a_e对亚表层厚度d的响应曲面

(e)每齿进给量f_z和刀尖圆弧半径r对亚表层厚度d的响应曲面

(f) 径向切削深度a_e和刀尖圆弧半径r对亚表层厚度d的响应曲面

图 6-16 切削亚表层厚度响应曲面图

值时，亚表层厚度 d 随着径向切削深度 a_e 的增大下降趋势较为明显。从图 6-16(c) 可以看出，亚表层厚度 d 随着刀尖圆弧半径 r 和切削速度 v_c 的增加而增大，对比分析发现，刀尖圆弧半径 r 对亚表层厚度 d 的影响程度略大于切削速度 v_c，刀尖圆弧半径 r 和切削速度 v_c 对亚表层厚度 d 的交互影响作用非常显著。从图 6-16(d) 可以看出，每齿进给量 f_z 和径向切削深度 a_e 对亚表层厚度 d 的影响并不明显。随着径向切削深度 a_e 的增大，亚表层厚度 d 逐渐减小。当每齿进给量 f_z 不变时，径向切削深度 a_e 增大会使单位切削厚度减小，机械载荷和热载荷随之降低，导致塑性变形程度减小。因此，在保持较小的亚表层厚度 d 以及对粗糙度要求不高时，选择较大的每齿进给量 f_z 有利于提高切削效率。由图 6-16(e) 可以看出，刀尖圆弧半径 r 对亚表层厚度 d 的影响显著程度大于每齿进给量 f_z。当每齿进给量一定时，随着刀尖圆弧半径 r 的增大，响应曲面增加较快。由图 6-16(f) 可知，亚表层厚度 d 随着径向切削深度 a_e 增大先缓慢增加后逐渐减小，影响并不显著。可见，为了提高切削效率，使切削亚表层厚度 d 较小，可以选用较大的径向切削深度 a_e。

　　基于上述分析，多元二阶模型回归方程得到的预测值与实验值的一致性较好，因此可以借助回归方程对不同工艺参数下的切削亚表层厚度 d 进行预测。根据此模型，建立以切削亚表层厚度 d 为目标，以切削速度 v_c、每齿进给量 f_z、径向切削深度 a_e 和刀尖圆弧半径 r 的参数范围为约束条件的优化函数，要求亚表层厚度 d 最小，工艺参数优化数学模型如下：

　　目标函数为

$$
\begin{aligned}
\min f(d) =\ & 3.11 + 0.50A + 0.27B - 0.63C + 0.64D + 0.024AB - 0.073AC + 0.15AD \\
& + 3.125 \times 10^{-3}BC - 9.375 \times 10^{-39}BD + 0.0634CD - 0.076A^2 - 0.025B^2 \\
& - 0.16C^2 + 0.21D^2
\end{aligned}
$$

　　约束方程为

$$
\text{s.t.} \begin{cases} 100 \leqslant v_c \leqslant 300 \\ 0.1 \leqslant f_z \leqslant 0.3 \\ 1.0 \leqslant a_e \leqslant 3.0 \\ 0.8 \leqslant r \leqslant 2.4 \end{cases} \tag{6-21}
$$

　　利用最小二乘法对目标函数进行求解，可以得到最优解为：切削速度 $v_c =$ 162.41m/min，每齿进给量 $f_z = 0.15$mm，径向切削深度 $a_e = 2.75$mm，刀尖圆弧半径 $r = 1.06$mm。该组参数即以亚表层厚度 d 为优化目标的最优切削工艺参数组合。通过计算求解得到最优参数下 d 值为 1.24μm，与前面 30 组设计实验中 d 的最小值 1.63μm 和最大值 5.45μm 相比，分别减小了约 23.93% 和 77.25%，表明利用建立的多元二阶回归模型分析求解得到的数值可以满足切削参数和刀具几何参数优化的要求。

6.5 本 章 小 结

本章基于自动球压痕测试技术和连续损伤力学理论，研究了不同工艺参数下 H13 钢硬态切削表面层材料的宏观力学性能变化规律，包括断裂韧度、屈服强度、应变硬化指数和最大抗拉强度以及布氏硬度，主要结论归结如下：

(1) 切削表面层材料的宏观力学性能不同于 H13 钢基体。表面层材料力学性能的变化是切削过程中强机械-热载荷的耦合作用，诱导亚表层显微组织结构发生演变的结果。

(2) 不同工艺参数下切削试样的力学性能存在差异。切削表面层材料的屈服强度、最大抗拉强度和布氏硬度总体上小于 H13 钢基体对应的力学指标，分别为屈服强度 1140MPa、最大抗拉强度 1304MPa 和布氏硬度 467HBW。相反地，应变硬化指数 n 的数值却高于基体的 0.074。基于连续损伤力学理论计算得到的 H13 钢基体的断裂韧度约为 $21.49\text{MPa} \cdot \text{m}^{1/2}$。除刃口钝圆半径 r 为 60μm 时，断裂韧度为 $22.55\text{MPa} \cdot \text{m}^{1/2}$ 略高于基体外，其他切削条件下表面层材料的断裂韧性普遍低于 $21.49\text{MPa} \cdot \text{m}^{1/2}$。

(3) 不同切削工艺参数下，表面层材料的屈服强度、最大抗拉强度和硬度随切削变量的变化趋势呈现一定的同步性；但是对于应变硬化指数，该力学指标的变化趋势则与屈服强度、最大抗拉强度和布氏硬度的变化规律恰好相反。

(4) 建立了 H13 钢硬态切削工艺参数、亚表层厚度和力学性能(断裂韧度和屈服强度)之间的映射关系。作为一种局部化无损材料力学性能测试方法，自动球压痕测试技术可以作为量化评价切削表面层(即微小厚度范围内)材料力学性能的有效手段。

(5) 利用中心组合响应曲面法建立的切削亚表层厚度多元二阶回归模型是显著的，模型的响应值与预测值的吻合度较高。不同因素的交互项对亚表层厚度的影响显著性不同，依次是刀尖圆弧半径 > 切削速度 > 每齿进给量 > 径向切削深度。通过响应曲面回归模型优化得到的参数组合为：$v_c = 162.41\text{m/min}$，$f_z = 0.15\text{mm}$，$a_e = 2.75\text{mm}$，$r = 1.06\text{mm}$。

第 7 章 结 论 与 展 望

7.1 研 究 结 论

为了实现淬硬钢切削由"控形制造"向"控形控性制造"的提升和转变，本书以 H13 钢硬态切削过程中的变形区材料显微组织演变及其对宏观力学性能的影响为研究主线，采用理论建模、数值仿真和实验验证三者相结合的方法，针对切削亚表层微观组织及性能的数字化表征、切削变形区显微组织演变机理、切削变形区显微组织演变模型用户自定义子程序开发和仿真，以及硬态切削工艺-切削亚表层厚度-宏观力学性能之间的映射关系等系统地展开了深入研究。基于上述研究，主要研究成果总结如下。

(1) 建立了 H13 钢硬态切削仿真模型并实验验证了仿真模型的准确性，获得了切削温度、应变和应变率等切削过程场变量。对 H13 钢基体显微组织和力学性能以及切削过程中的锯齿状切屑、切削亚表层的显微组织演变进行了量化表征。切削变形区材料发生了剧烈的塑性变形，亚表层大致可以划分为两部分：非晶区和塑性变形区，亚表层下面为基体；但当切削参数较小时(如每齿进给量)，在切削亚表层仅可以观测到塑性变形区。切削亚表层小角度晶界频率出现不同程度的增大，与位错胞或亚晶结构的形成有关；基体材料表现出沿 X 方向{101}晶面的织构择优取向；但是切削亚表层材料的晶体取向随机分布，没有出现织构择优取向。

(2) 阐释了 H13 钢锯齿状切屑和切削亚表层的显微组织演变机理。锯齿状切屑中产生晶粒细化的机理可以归结于两个方面：①材料流经第一变形区(剪切区)时，由于剧烈的剪切塑性变形，在位错迁移机理下形成纳米尺度的位错胞或胞状亚结构；②形成的切屑在流动过程中与前刀面摩擦，导致温度超过奥氏体相变造成的奥氏体晶粒形核，急剧冷却引起的淬火效应导致奥氏体晶核逆转变生成淬火马氏体，使得晶粒进一步细化。切削亚表层材料在机械-热载荷的耦合作用下形成亚晶结构(或位错胞)的过程为剪切拉伸变形→位错增殖、塞积→位错缠结形成胞壁→位错胞吸收周边晶体缺陷形成亚结构→亚结构晶界迁移、吞并周边位错缺陷形成亚晶组织。

(3) 基于奥氏体相变动力学方程，修正了 H13 钢奥氏体临界相变温度。基于大应变和高应变率对奥氏体临界相变温度的影响，建立了 H13 钢硬态切削"机械-热-相变"预测模型,开发了基于上述相变模型的用户自定义子程序,探究了 H13 钢硬态切削过程中瞬时温升致奥氏体相变的过程。仿真结果表明,硬态切削过程中的瞬时温升导致锯齿状切屑中发生了奥氏体相变,当切削速度由 200m/min 提高到 400m/min 时,奥氏体体积分数由 13%增加到 24%;但在切削亚表层并没有发生马氏体向奥氏体的转变。采用 XRD 和 TEM 分别对切屑和切削亚表层物相组成进行测试,结果表明切屑中有微量残余奥氏体的存在,而切削亚表层中未检测出,验证了机械-热-相变耦合模型的有效性。奥氏体实测含量显著低于仿真值,这与冷却阶段发生了奥氏体向淬火马氏体的逆转变有关。

(4) 建立了基于动态再结晶的晶粒尺寸和显微硬度演变预测模型,开发了基于该模型的用户自定义子程序,并探究了切削速度、每齿进给量和径向切削深度对 H13 钢硬态切削亚表层再结晶晶粒尺寸和显微硬度的演变规律。通过对比实验结果,分别从显微组织演变区域、晶粒尺寸和显微硬度一致性的角度验证了模型的有效性。位于切削最表面的晶粒尺寸为 300~800nm,小于基体的晶粒尺寸 1.5μm,同时显微硬度为 650~850HV。动态再结晶晶粒尺寸随着切削速度和每齿进给量的提高而减小,随着径向切削深度的增大先减小后逐渐增大。切削亚表层的显微硬度随着切削速度、每齿进给量和径向切削深度的变化趋势与再结晶晶粒尺寸的变化趋势正好相反。

(5) 建立了基于位错密度的晶粒尺寸预测模型,研究了切削参数对切削亚表层晶粒尺寸演变和亚表层厚度的影响,分析了切削速度、刀具前角对切削亚表层显微组织的影响。切削亚表层晶粒发生明显细化,且沿切削深度方向逐渐过渡到材料基体原始晶粒尺寸大小;切削亚表层的位错密度随切削速度的增大而增大,晶粒尺寸随切削速度的增大而减小,亚表层厚度随切削速度的增大而增大;切削亚表层的位错密度随刀具前角的增大而减小,晶粒尺寸随刀具前角的增大而增大,亚表层厚度随刀具前角的增大而减小。

(6) 基于自动球压痕测试技术对切削表面层材料宏观力学性能(屈服强度、应变硬化指数、最大抗拉强度和布氏硬度以及断裂韧度)进行评定,构建了切削工艺参数-亚表层厚度-宏观力学性能之间的映射关系,并进行了参数优化。尽管工艺参数不同,屈服强度、最大抗拉强度和布氏硬度随切削变量的变化趋势呈现一定的同步性;但是对于应变硬化指数,其变化趋势与屈服强度、最大抗拉强度和硬度的变化规律恰好相反。切削表面层材料的屈服强度、最大抗拉强度和布氏硬度总体上小于 H13 钢基体对应的力学指标,分别为屈服强度 1140MPa、最大抗拉强度 1304MPa 和布氏硬度 467HBW。相反地,应变硬化指数 n 的数值却高于基体的 0.074。除刃口钝圆半径 r 为 60μm 时,断裂韧度为 22.55MPa·m$^{1/2}$,略高于基体外,其他工艺参数下的断裂韧性普遍低于 21.49MPa·m$^{1/2}$。通过响应曲面回归模型优化得到的参数组合为:切削速度 v_c 为 162.41m/min,每齿进给量 f_z

为 0.15mm，径向切削深度 a_e 为 2.75mm，刀尖圆弧半径 r 为 1.06mm。作为一种局部无损的材料力学性能测试方法，自动球压痕测试技术可以作为定量评价切削表面层(即微小厚度范围内)材料力学性能指标的有效手段。

7.2　未来展望

本书聚焦于模具钢硬态切削显微组织演变建模与仿真，为实现切削亚表层显微组织的可控性演变提供了理论依据和技术支持。然而，由于在硬态切削过程中刀具磨损比普通切削更为剧烈，并且在强机械-热耦合载荷作用下显微组织演变导致的微区(微米量级)力学性能存在梯度变化，所以对于后续研究工作，可以从以下方面进行考虑：

(1) 考虑硬态切削过程中刀具磨损状态对切削亚表层显微组织演变及力学性能的影响，进一步完善有限元仿真模型，使切削仿真过程更加符合考虑刀具磨损的实际硬态切削过程。

(2) 考虑切削亚表层材料的显微组织结构及力学性能在微区(微米量级)分布的不均匀性(即梯度变化)，结合目前更为先进的共聚焦离子铣技术和微悬臂断裂实验对产生显微组织演变的微区材料进行分层选区制样并开展微观力学测试，从而获得更为真实的亚表层材料的力学性能，为研究硬态切削零件的使役性能和疲劳失效提供参数支持。

参 考 文 献

[1] Li J H, Zhou X L, Brochu M, et al. Solidification microstructure simulation of Ti-6Al-4V in metal additive manufacturing: A review[J]. Additive Manufacturing, 2020, 31: 100989.

[2] 饶项炜, 顾冬冬, 席丽霞. 选区激光熔化成形碳纳米管增强铝基复合材料成形机制及力学性能研究[J]. 机械工程学报, 2019, 55(15): 1-9.

[3] Weston N S, Thomas B, Jackson M. Processing metal powders via field assisted sintering technology (FAST): A critical review[J]. Materials Science and Technology, 2019, 35(11): 1306-1328.

[4] 陈日曜. 金属切削原理[M]. 北京: 机械工业出版社, 2019.

[5] Schoop J, Sales W F, Jawahir I S. High speed cryogenic finish machining of Ti6Al4V with polycrystalline diamond tools[J]. Journal of Materials Processing Technology, 2017, 250: 1-8.

[6] Gajrani K K, Suvin P S, Kailas S V, et al. Hard machining performance of indigenously developed green cutting fluid using flood cooling and minimum quantity cutting fluid[J]. Journal of Cleaner Production, 2019, 206: 108-123.

[7] Gajrani K K, Ram D, Sankar M R. Biodegradation and hard machining performance comparison of eco-friendly cutting fluid and mineral oil using flood cooling and minimum quantity cutting fluid techniques[J]. Journal of Cleaner Production, 2017, 165: 1420-1435.

[8] Kumar S S, Kumar S R. Ionic liquids as environmental friendly cutting fluids – A review[J]. Materials Today: Proceedings, 2020, 37(2): 2121-2125.

[9] Soković M, Mijanović K. Ecological aspects of the cutting fluids and its influence on quantifiable parameters of the cutting processes[J]. Journal of Materials Processing Technology, 2001, 109(1-2): 181-189.

[10] Jayal A D, Badurdeen F, Jr Dillon O W, et al. Sustainable manufacturing: Modeling and optimization challenges at the product, process and system levels[J]. CIRP Journal of Manufacturing Science and Technology, 2010, 2(3): 144-152.

[11] Agrawal C, Khanna N, Gupta M K, et al. Sustainability assessment of in-house developed environment-friendly hybrid techniques for turning Ti-6Al-4V[J]. Sustainable Materials and Technologies, 2020, 26: e00220.

[12] Alok A, Das M. Multi-objective optimization of cutting parameters during sustainable dry hard turning of AISI 52100 steel with newly develop HSN$_2$-coated carbide insert[J]. Measurement, 2019, 133: 288-302.

[13] Mia M, Dey P R, Hossain M S, et al. Taguchi S/N based optimization of machining parameters for surface roughness, tool wear and material removal rate in hard turning under MQL cutting condition[J]. Measurement, 2018, 122: 380-391.

[14] Boy M, Yasar N, Ciftci İ. Experimental investigation and modelling of surface roughness and resultant cutting force in hard turning of AISI H13 steel[J]. Materials Science and Engineering: A, 2016, 161(1): 012039.

[15] Goindi G S, Sarkar P. Dry machining: A step towards sustainable machining – Challenges and future directions[J]. Journal of Cleaner Production, 2017, 165(1): 1557-1571.

[16] Karkalos N E, Markopoulos A P. Modeling of hard machining[J]. Computational Methods and Production Engineering, 2017: 171-198.

[17] Sales W F, Schoop J, da Silva L R R, et al. A review of surface integrity in machining of hardened steels[J]. Journal of Manufacturing Processes, 2020, 58: 136-162.

[18] Panda A, Sahoo A K, Kumar R, et al. Analysis of machinability aspects during hard turning of bearing steel[J]. Materials Today: Proceedings, 2019, 18(7): 3590-3596.

[19] Kaya E, Kaya R. Tool wear progression of PCD and PCBN cutting tools in high speed machining of NiTi shape memory alloy under various cutting speeds[J]. Diamond and Related Materials, 2020, 105: 107810.

[20] Uhlmann E, Riemer H, Schröter D, et al. Investigation of wear resistance of coated PCBN turning tools for hard machining[J]. International Journal of Refractory Metals and Hard Materials, 2018, 72: 270-275.

[21] Zhang F Y, Duan C Z, Sun W, et al. Effects of cutting conditions on the microstructure and residual stress of white and dark layers in cutting hardened steel[J]. Journal of Materials Processing Technology, 2019, 266: 599-611.

[22] Shen Z, Chen K, Tweddle D, et al. Characterization of the crack initiation and propagation in alloy 600 with a cold-worked surface[J]. Corrosion Science, 2019, 152: 82-92.

[23] 高玉魁. 表面完整性理论与应用[M]. 北京: 化学工业出版社, 2014.

[24] Velásquez J D P, Tidu A, Bolle B, et al. Subsurface and surface analysis of high speed machined Ti-6Al-4V alloy[J]. Materials Science and Engineering: A, 2010, 527(10-11): 2572-2578.

[25] Zheng G M, Cheng X, Dong Y J, et al. Surface integrity evaluation of high-strength steel with a TiCN-NbC composite coated tool by dry milling[J]. Measurement, 2020, 166: 108204.

[26] Petropoulos G P, Pandazaras C N, Davim J P. Surface Texture Characterization and Evaluation Related to Machining[M]. London: Springer, 2010.

[27] Yldrm A V, Kvak T, Sarkaya M, et al. Evaluation of tool wear, surface roughness/ topography and chip morphology when machining of Ni-based alloy 625 under MQL, cryogenic cooling and CryoMQL[J]. Journal of Materials Research and Technology, 2020, 9(2): 2079-2092.

[28] Kundrak J, Felho C. Topography of the machined surface in high performance face milling[J]. Procedia CIRP, 2018, 77: 340-343.

[29] Basten S, Kirsch B, Ankener W, et al. Influence of different cooling strategies during hard turning of AISI 52100 – Part I: Thermo-mechanical load, tool wear, surface topography and manufacturing accuracy[J]. Procedia CIRP, 2020, 87: 77-82.

[30] Jouini N, Revel P, Thoquenne G. Influence of surface integrity on fatigue life of bearing rings finished by precision hard turning and grinding[J]. Journal of Manufacturing Processes, 2020, 57: 444-451.

[31] Rotella G. Effect of surface integrity induced by machining on high cycle fatigue life of 7075-T6 aluminum alloy[J]. Journal of Manufacturing Processes, 2019, 41:83-91.

[32] Choi Y. Influence of a white layer on the performance of hard machined surfaces in rolling

contact[J]. Proceedings of the Institution of Mechanical Engineers, Part B: Journal of Engineering Manufacture, 2010, 224(8): 1207-1215.

[33] 刘云旭. 金属热处理原理[M]. 北京: 机械工业出版社, 1981.

[34] Eser A, Broeckmann C, Simsir C. Multiscale modeling of tempering of AISI H13 hot-work tool steel – Part 1: Prediction of microstructure evolution and coupling with mechanical properties[J]. Computational Materials Science, 2016, 113: 280-291.

[35] Liu J B, Ji X, Guo Z X, et al. Characteristics and cutting performance of the CVD coatings on the TiCN-based cermets in turning hardened AISI H13 steel[J]. Journal of Materials Research and Technology, 2020, 9(2): 1389-1399.

[36] Sun C, Fu P X, Ma X P, et al. Effect of matrix carbon content and lath martensite microstructures on the tempered precipitates and impact toughness of a medium-carbon low-alloy steel[J]. Journal of Materials Research and Technology, 2020, 9(4): 7701-7710.

[37] Kwak K, Mayama T, Mine Y, et al. Anisotropy of strength and plasticity in lath martensite steel[J]. Materials Science and Engineering: A, 2016, 674: 104-116.

[38] Morito S, Huang X, Furuhara T, et al. The morphology and crystallography of lath martensite in alloy steels[J]. Acta Materialia, 2006, 54(19): 5323-5331.

[39] 袁玉红, 郑继明, 伍权. 30CrMnSi 钢马氏体亚结构对力学性能的影响[J]. 金属热处理, 2019, 44(3): 1-5.

[40] Morsdorf L, Jeannin O, Barbier D, et al. Multiple mechanisms of lath martensite plasticity[J]. Acta Materialia, 2016, 121: 202-214.

[41] Courbon C, Mabrouki T, Rech J, et al. Further insight into the chip formation of ferritic-pearlitic steels: Microstructural evolutions and associated thermo-mechanical loadings[J]. International Journal of Machine Tools and Manufacture, 2014, 77: 34-46.

[42] Bejjani R, Balazinski M, Attia H, et al. Chip formation and microstructure evolution in the adiabatic shear band when machining titanium metal matrix composites[J]. International Journal of Machine Tools and Manufacture, 2016, 109: 137-146.

[43] Medina-Clavijo B, Saez-De-Buruaga M, Motz C, et al. Microstructural aspects of the transition between two regimes in orthogonal cutting of AISI 1045 steel[J]. Journal of Materials Processing Technology, 2018, 260: 87-96.

[44] Zhang S, Guo Y B. An experimental and analytical analysis on chip morphology, phase transformation, oxidation, and their relationships in finish hard milling[J]. International Journal of Machine Tools and Manufacture, 2009, 49(11): 805-813.

[45] Shi J, Liu C R. On predicting chip morphology and phase transformation in hard machining[J]. The International Journal of Advanced Manufacturing Technology, 2006, 27(7-8): 645-654.

[46] Campbell C E, Bendersky L A, Boettinger W J, et al. Microstructural characterization of Al-7075-T651 chips and work pieces produced by high-speed machining[J]. Materials Science and Engineering: A, 2006, 430: 15-26.

[47] Molaiekiya F, Aramesh M, Veldhuis S C. Chip formation and tribological behavior in high-speed milling of IN718 with ceramic tools[J]. Wear, 2020, 446-447: 203191.

[48] Wan Z P, Zhu Y E, Liu H W, et al. Microstructure evolution of adiabatic shear bands and

mechanisms of saw-tooth chip formation in machining Ti6Al4V[J]. Materials Science and Engineering: A, 2012, 531: 155-163.

[49] Zhang F Y, Duan C Z, Wang M J, et al. White and dark layer formation mechanism in hard cutting of AISI 52100 steel[J]. Journal of Manufacturing Processes, 2018, 32: 878-887.

[50] Laakso S V A, Mathias A, Jan-Eric S. The mystery of missing feed force – The effect of friction models, flank wear and ploughing on feed force in metal cutting simulations[J]. Journal of Manufacturing Processes, 2018, 33: 268-277.

[51] Hosseini S B, Beno T, Johansson S, et al. A methodology for temperature correction when using two-color pyrometers-compensation for surface topography and material[J]. Experimental Mechanics, 2014, 54(3): 369-377.

[52] Jin D, Liu Z Q. Damage of the machined surface and subsurface in orthogonal milling of FGH95 superalloy[J]. The International Journal of Advanced Manufacturing Technology, 2013, 68(5-8): 1573-1581.

[53] Kim B, Boucard E, Sourmail T, et al. The influence of silicon in tempered martensite: Understanding the microstructure-properties relationship in 0.5–0.6 wt.% C steels[J]. Acta Materialia, 2014, 68: 169-178.

[54] Wang Y L, Song K X, Zhang Y M, et al. Microstructure evolution and fracture mechanism of H13 steel during high temperature tensile deformation[J]. Materials Science and Engineering: A, 2019, 746: 127-133.

[55] Gourgues A F, Flower H M, Lindley T C. Electron backscattering diffraction study of acicular ferrite, bainite, and martensite steel microstructures[J]. Materials Science and Technology, 2000, 16(1):26-40.

[56] Kitahara H, Ueji R, Ueda M, et al. Crystallographic analysis of plate martensite in Fe-28.5 at.% Ni by FE-SEM/EBSD[J]. Materials Characterization, 2005, 54(4-5): 378-386.

[57] Liu Z Y, Gao Q Z, Zhang H L, et al. EBSD analysis and mechanical properties of alumina-forming austenitic steel during hot deformation and annealing[J]. Materials Science and Engineering: A, 2019, 755: 106-115.

[58] Wu C L, Chang C P, Chen D, et al. Microstructural characterization of deformation-induced martensite in an ultrafine-grained medium Mn advanced high strength steel[J]. Materials Science and Engineering: A, 2018, 721: 145-153.

[59] 王春芳. 低合金马氏体钢强韧性组织控制单元的研究[D]. 北京: 钢铁研究总院, 2008.

[60] Morito S, Yoshida H, Maki T, et al. Effect of block size on the strength of lath martensite in low carbon steels[J]. Materials Science and Engineering: A, 2006, 438-440: 237-240.

[61] 王鑫, 李昭东, 周世同, 等. 低碳马氏体钢中多尺度板条结构界面的强化效果[J]. 金属热处理, 2018, 43(3): 50-56.

[62] Griffiths B J. Mechanisms of white layer generation with reference to machining and deformation processes[J]. Journal of Tribology, 1987, 109(3): 525-530.

[63] Liao Z R, Polyakov M, Diaz O G, et al. Grain refinement mechanism of nickel-based superalloy by severe plastic deformation–Mechanical machining case[J]. Acta Materialia, 2019, 180: 2-14.

[64] Raof N A, Ghani J A, Haron C H C. Machining-induced grain refinement of AISI 4340 alloy steel

under dry and cryogenic conditions[J]. Journal of Materials Research and Technology, 2019, 8(5): 4347-4353.

[65] M'Saoubi R, Ryde L. Application of the EBSD technique for the characterisation of deformation zones in metal cutting[J]. Materials Science and Engineering: A, 2005, 405(1-2): 339-349.

[66] Xiong X S, Hu S B, Hu K, et al. Texture and magnetic property evolution of non-oriented Fe-Si steel due to mechanical cutting[J]. Journal of Magnetism and Magnetic Materials, 2016, 401: 982-990.

[67] Nagashima F, Yoshino M, Terano M. Microstructure control of pure iron by utilizing metal cutting method[J]. Procedia Manufacturing, 2018, 15: 1541-1548.

[68] Bosheh S S, Mativenga P T. White layer formation in hard turning of H13 tool steel at high cutting speeds using CBN tooling[J]. International Journal of Machine Tools and Manufacture, 2006, 46(2): 225-233.

[69] Zhang S, Li J F, Lv H. Tool wear and formation mechanism of white layer when hard milling H13 steel under different cooling/lubrication conditions[J]. Advances in Mechanical Engineering, 2014, 6: 949308.

[70] Hosseini S B, Ryttberg K, Kaminski J, et al. Characterization of the surface integrity induced by hard turning of bainitic and martensitic AISI 52100 Steel[J]. Procedia CIRP, 2012, 1(7): 494-499.

[71] Chou Y K, Evans C J. White layers and thermal modeling of hard turned surfaces[J]. International Journal of Machine Tools and Manufacture, 1999, 39(12): 1863-1881.

[72] Han S, Melkote S N, Haluska M S, et al. White layer formation due to phase transformation in orthogonal machining of AISI 1045 annealed steel[J]. Materials Science and Engineering: A, 2008, 488(1-2): 195-204.

[73] Barry J, Byrne G. TEM study on the surface white layer in two turned hardened steels[J]. Materials Science and Engineering: A, 2002, 325(1-2): 356-364.

[74] Ding H T, Shin Y C. A metallo-thermomechanically coupled analysis of orthogonal cutting of AISI 1045 steel[J]. Journal of Manufacturing Science and Engineering, 2012, 134(5): 051014.

[75] Duan C Z, Kong W S, Hao Q L, et al. Modeling of white layer thickness in high speed machining of hardened steel based on phase transformation mechanism[J]. The International Journal of Advanced Manufacturing Technology, 2013, 69(1-4): 59-70.

[76] Kaynak Y, Manchiraju S, Jawahir I S. Modeling and simulation of machining-induced surface integrity characteristicsof NiTi alloy[J]. Procedia CIRP, 2015, 31: 557-562.

[77] Schulze V, Uhlmann E, Mahnken R, et al. Evaluation of different approaches for modeling phase transformations in machining simulation[J]. Production Engineering, 2015, 9(4): 437-449.

[78] Wang Q Q, Liu Z Q, Yang D, et al. Metallurgical-based prediction of stress-temperature induced rapid heating and cooling phase transformations for high speed machining Ti-6Al-4V alloy[J]. Materials & Design, 2017, 119: 208-218.

[79] Zhang X P, Shivpuri R, Srivastava A K. Role of phase transformation in chip segmentation during high speed machining of dual phase titanium alloys[J]. Journal of Materials Processing Technology, 2014, 214(12): 3048-3066.

[80] Ollat M, Militzer M, Massardier V, et al. Mixed-mode model for ferrite-to-austenite phase

transformation in dual-phase steel[J]. Computational Materials Science, 2018, 149: 282-290.

[81] Militzer M, Azizi-Alizamini H. Phase field modelling of austenite formation in low carbon steels[J]. Solid State Phenomena, 2011, 172-174: 1050-1059.

[82] Lee S J, Pavlina E J, van Tyne C J. Kinetics modeling of austenite decomposition for an end-quenched 1045 steel[J]. Materials Science and Engineering: A, 2010, 527(13-14): 3186-3194.

[83] Inoue T. Metallo-thermo-mechanical coupling in quenching[J]. Comprehensive Materials Processing, 2014, 12: 177-251.

[84] Ahmad E, Karim F, Saeed K, et al. Effect of cold rolling and annealing on the grain refinement of low alloy steel[J]. IOP Conference Series: Materials Science and Engineering: A, 2014, 60(1): 012029.

[85] Amuda M O H, Mridha S. Comparative evaluation of grain refinement in AISI 430 FSS welds by elemental metal powder addition and cryogenic cooling[J]. Materials & Design, 2012, 35: 609-618.

[86] Junior A M J, Guedes L H, Balancin O. Ultra grain refinement during the simulated thermomechanical-processing of low carbon steel[J]. Journal of Materials Research and Technology, 2012, 1(3): 141-147.

[87] Bariani P F, Dal Negro T, Bruschi S. Testing and modelling of material response to deformation in bulk metal forming[J]. CIRP Annals, 2004, 53(2): 573-595.

[88] Rotella G, Jr Dillon O W, Umbrello D, et al. Finite element modeling of microstructural changes in turning of AA7075-T651 alloy[J]. Journal of Manufacturing Processes, 2013, 15(1): 87-95.

[89] Rotella G, Umbrello D. Finite element modeling of microstructural changes in dry and cryogenic cutting of Ti6Al4V alloy[J]. CIRP Annals, 2014, 63(1): 69-72.

[90] Jafarian F, Umbrello D, Jabbaripour B. Identification of new material model for machining simulation of Inconel 718 alloy and the effect of tool edge geometry on microstructure changes[J]. Simulation Modelling Practice and Theory, 2016, 66: 273-284.

[91] Jafarian F, Ciaran M I, Umbrello D, et al. Finite element simulation of machining Inconel 718 alloy including microstructure changes[J]. International Journal of Mechanical Sciences, 2014, 88: 110-121.

[92] Pu Z, Umbrello D, Jr Dillon O W, et al. Finite element modeling of microstructural changes in dry and cryogenic machining of AZ31B magnesium alloy[J]. Journal of Manufacturing Processes, 2014, 16(2): 335-343.

[93] Özel T, Arisoy Y M. Experimental and numerical investigations on machining induced surface integrity in inconel-100 nickel-base alloy[J]. Procedia CIRP, 2014, 13: 302-307.

[94] Arisoy Y M, Özel T. Prediction of machining induced microstructure in Ti-6Al-4V alloy using 3-D FE-based simulations: Effects of tool micro-geometry, coating and cutting conditions[J]. Journal of Materials Processing Technology, 2015, 220: 1-26.

[95] Mondelin A, Valiorgue F, Rech J, et al. Modeling of surface dynamic recrystallisation during the finish turning of the 15-5 PH steel[J]. Procedia CIRP, 2013, 8: 311-315.

[96] Estrin Y, Tóth L S, Molinari A, et al. A dislocation-based model for all hardening stages in large strain deformation[J]. Acta Materialia, 1998, 46(15): 5509-5522.

[97] Tóth L S, Molinari A, Estrin Y. Strain hardening at large strains as predicted by dislocation based polycrystal plasticity model[J]. Journal of Engineering Materials and Technology, 2002, 124(1): 71-77.

[98] Baik S C, Estrin Y, Kim H S, et al. Dislocation density-based modeling of deformation behavior of aluminium under equal channel angular pressing[J]. Materials Science and Engineering: A, 2003, 351(1-2): 86-97.

[99] Ding H T, Shen N G, Shin Y C. Modeling of grain refinement in aluminum and copper subjected to cutting[J]. Computational Materials Science, 2011, 50(10): 3016-3025.

[100] Ding H T, Shin Y C. Multi-physics modeling and simulations of surface microstructure alteration in hard turning[J]. Journal of Materials Processing Technology, 2013, 213(6): 877-886.

[101] Ding H T, Shin Y C. Dislocation density-based grain refinement modeling of orthogonal cutting of titanium[J]. Journal of Manufacturing Science and Engineering, 2014, 136(4): 041003.

[102] Zhu M L, Xuan F Z. Correlation between microstructure, hardness and strength in HAZ of dissimilar welds of rotor steels[J]. Materials Science and Engineering: A, 2010, 527(16-17): 4035-4042.

[103] Wang F Z, Zhao J, Li A H, et al. Effects of cutting conditions on microhardness and microstructure in high-speed milling of H13 tool steel[J]. The International Journal of Advanced Manufacturing Technology, 2014, 73(1-4): 137-146.

[104] Leskovšek V, Ule B, Liščić B. Relations between fracture toughness, hardness and microstructure of vacuum heat-treated high-speed steel[J]. Journal of Materials Processing Technology, 2002, 127(3): 298-308.

[105] Barbadikar D R, Ballal A R, Peshwe D R, et al. Investigation on mechanical properties of P92 steel using ball indentation technique[J]. Materials Science and Engineering: A, 2015, 624: 92-101.

[106] Sun W J, Kothari S, Sun C C. The relationship among tensile strength, Young's modulus, and indentation hardness of pharmaceutical compacts[J]. Powder Technology, 2018, 331: 1-6.

[107] Xavior M A, Manohar M, Madhukar P M, et al. Experimental investigation of work hardening, residual stress and microstructure during machining Inconel 718[J]. Journal of Mechanical Science and Technology, 2017, 31(10): 4789-4794.

[108] Touazine H, Jahazi M, Bocher P. Influence of hard turning on microstructure evolution in the subsurface layers of Inconel 718[C]. ASME International Mechanical Engineering Congress and Exposition, American Society of Mechanical Engineers, 2014: 1-5.

[109] Lu X H, Jia Z Y, Wang H, et al. The effect of cutting parameters on micro-hardness and the prediction of Vickers hardness based on a response surface methodology for micro-milling Inconel 718[J]. Measurement, 2019, 140: 56-62.

[110] Sharan G, Patel R K. Optimization of cutting parameters of turning for hardness of AISI 4140 alloy steel[J]. Materials Today: Proceedings, 2019, 18: 3582-3589.

[111] Zhang P, Li S X, Zhang Z F. General relationship between strength and hardness[J]. Materials Science and Engineering: A, 2011, 529: 62-73.

[112] Song M, Sun C, Chen Y X, et al. Grain refinement mechanisms and strength-hardness correlation

of ultra-fine grained grade 91 steel processed by equal channel angular extrusion[J]. International Journal of Pressure Vessels and Piping, 2019, 172: 212-219.

[113] Murty K L, Miraglia P Q, Mathew M D, et al. Characterization of gradients in mechanical properties of SA-533B steel welds using ball indentation[J]. International Journal of Pressure Vessels and Piping, 1999, 76(6): 361-369.

[114] Chung K H, Lee W, Kim J H, et al. Characterization of mechanical properties by indentation tests and FE analysis-validation by application to a weld zone of DP590 steel[J]. International Journal of Solids and Structures, 2009, 46(2): 344-363.

[115] Das G, Das M, Sinha S, et al. Characterization of cast stainless steel weld pools by using ball indentation technique[J]. Materials Science and Engineering: A, 2009, 513: 389-393.

[116] Ammar H R, Haggag F M, Alaboodi A S, et al. Nondestructive measurements of flow properties of nanocrystalline Al-Cu-Ti alloy using Automated Ball Indentation (ABI) technique[J]. Materials Science and Engineering: A, 2018, 729: 477-486.

[117] Liu G L, Huang C Z, Zhu H T, et al. The modified surface properties and fatigue life of incoloy A286 face-milled at different cutting parameters[J]. Materials Science and Engineering: A, 2017, 704: 1-9.

[118] 于鑫, 孙杰, 熊青春, 等. 7050-T7451 铝合金铣削加工表面材料特性与本构关系模型的建立[J]. 中国有色金属学报, 2015, (11): 2982-2989.

[119] Wusatowska-Sarnek A M, Dubiel B, Czyrska-Filemonowicz A, et al. Microstructural characterization of the white etching layer in nickel-based superalloy[J]. Metallurgical and Materials Transactions: A, 2011, 42(12): 3813-3825.

[120] Guo Y B, Ammula S C. Real-time acoustic emission monitoring for surface damage in hard machining[J]. International Journal of Machine Tools and Manufacture, 2005, 45: 1622-1627.

[121] Kwong J, Axinte D A, Withers P J. The sensitivity of Ni-based superalloy to hole making operations: Influence of process parameters on subsurface damage and residual stress[J]. Journal of Materials Processing Technology, 2009, 209(8): 3968-3977.

[122] Herbert C, Axinte D A, Hardy M, et al. Influence of surface anomalies following hole making operations on the fatigue performance for a nickel-based superalloy[J]. Journal of Manufacturing Science and Engineering, 2014, 136(5): 1-9.

[123] Caruso S, Umbrello D, Outeiro J C, et al. An experimental investigation of residual stresses in hard machining of AISI 52100 steel[J]. Procedia Engineering, 2011, 19: 67-72.

[124] Bushlya V, Zhou J M, Lenrick F, et al. Characterization of white layer generated when turning aged Inconel 718[J]. Procedia Engineering, 2011, 19: 60-66.

[125] Crawforth P, Taylor C M, Turner S. The influence of alloy chemistry on the cutting performance and deformation kinetics of titanium alloys during turning[J]. Procedia CIRP, 2016, 45: 151-154.

[126] Jafarian F, Amirabadi H, Sadri J. Integration of finite element simulation and intelligent methods for evaluation of thermo-mechanical loads during hard turning process[J]. Proceedings of the Institution of Mechanical Engineers, Part B: Journal of Engineering Manufacture, 2013, 227(2): 235-248.

[127] Zhang S, Guo Y B. Taguchi method based process space for optimal surface topography by finish hard milling[J]. Journal of Manufacturing Science and Engineering, 2009, 131(5): 051003.

[128] Kumar P, Chauhan S R. Machinability study on finish turning of AISI H13 hot working die tool steel with cubic boron nitride (CBN) cutting tool inserts using response surface methodology (RSM)[J]. Arabian Journal for Science and Engineering, 2015, 40(5): 1471-1485.

[129] Sivaiah P, Chakradhar D. Performance improvement of cryogenic turning process during machining of 17-4 PH stainless steel using multi objective optimization techniques[J]. Measurement, 2019, 136: 326-336.

[130] Hioki D, Diniz A E, Sinatora A. Influence of HSM cutting parameters on the surface integrity characteristics of hardened AISI H13 steel[J]. Journal of the Brazilian Society of Mechanical Sciences and Engineering, 2013, 35(4): 537-553.

[131] Pálmai Z. Cutting temperature in intermittent cutting[J]. International Journal of Machine Tools and Manufacture, 1987, 27(2): 261-274.

[132] Ginting A, Nouari M. Surface integrity of dry machined titanium alloys[J]. International Journal of Machine Tools and Manufacture, 2009, 49(3-4): 325-332.

[133] Arrazola P J, Aristimuno P, Soler D, et al. Metal cutting experiments and modelling for improved determination of chip/tool contact temperature by infrared thermography[J]. CIRP Annals—Manufacturing Technology, 2015, 64(1): 57-60.

[134] Ding H T, Shen N G, Shin Y C. Experimental evaluation and modeling analysis of micromilling of hardened H13 tool steels[J]. Journal of Manufacturing Science and Engineering, 2011, 133(4): 041007.

[135] Chen N, Li L, Wu J M, et al. Research on the ploughing force in micro milling of soft-brittle crystals[J]. International Journal of Mechanical Sciences, 2019, 155: 315-322.

[136] Wang C Y, Ding F, Tang D W, et al. Modeling and simulation of the high-speed milling of hardened steel SKD11 (62 HRC) based on SHPB technology[J]. International Journal of Machine Tools and Manufacture, 2016, 108: 13-26.

[137] Xiong Y F, Wang W H, Jiang R S, et al. Analytical model of workpiece temperature in end milling in-situ TiB$_2$/7050Al metal matrix composites[J]. International Journal of Mechanical Sciences, 2018, 145: 285-297.

[138] Özel T. Investigation of high speed flat end milling process-prediction of chip formation, cutting forces, tool stresses and temperatures [D]. Columbus: The Ohio State University, 1998.

[139] 袁平, 柯映林, 董辉跃. 基于次摆线轨迹的铝合金高速铣削有限元仿真[J]. 浙江大学学报(工学版), 2009, 43(3): 570-577.

[140] Zorev N N. Inter-relationship between shear processes occurring along tool face and shear plane in metal cutting[C]. Proceedings of the International Production Engineering Research Conference, New York, 1963: 42-49.

[141] Calamaz M, Coupard D, Girot F. A new material model for 2D numerical simulation of serrated chip formation when machining titanium alloy Ti-6Al-4V[J]. International Journal of Machine Tools and Manufacture, 2008, 48(3-4): 275-288.

[142] Ng E G, Aspinwall D K. Modelling of hard part machining[J]. Journal of Materials Processing Technology, 2002, 127(2): 222-229.

[143] Shi J, Liu C R. The influence of material models on finite element simulation of machining[J]. Journal of Manufacturing Science and Engineering, 2004, 126(4): 849.

[144] Zerilli F J, Armstrong R W. Dislocation-mechanics based constitutive relations for material dynamics calculations[J]. Journal of Applied Physics, 1987, 61(5): 1816-1825.

[145] Nemat-Nasser S, Isacs J B. Direct measurement of isothermal flow stress of metals at elevated temperatures and high strain rates with application to Ta and TaW alloys[J]. Acta Materialia, 1997, 45(3): 907-919.

[146] Nemat-Nasser S, Guo W G, Nesterenko V F, et al. Dynamic response of conventional and hot isostatically pressed Ti-6Al-4V alloys: Experiments and modeling[J]. Mechanics of Materials, 2001, 33(8): 425-439.

[147] Johnson G R, Cook W H. A constitutive model and data for metals subjected to large strains, high strain rates and high temperatures[C]. Proceedings of the 7th International Symposium on Ballistics, The Hague, 1983: 541-547.

[148] Umer U. High speed turning of H-13 tool steel using ceramics and PCBN[J]. Journal of Materials Engineering and Performance, 2012, 21(9): 1857-1861.

[149] Shatla M, Kerk C, Altan T. Process modeling in machining, Part I: Determination of flow stress data[J]. International Journal of Machine Tools and Manufacture, 2001, 41(10): 1511-1534.

[150] Ding H T, Shen N G, Shin Y C. Experimental and modeling analysis of micromilling of hardened H13 tool steel[C]. ASME International Manufacturing Science and Engineering Conference, Corvallis, 2011.

[151] Yan H, Hua J, Shivpuri R. Numerical simulation of finish hard turning for AISI H13 die steel[J]. Science and Technology of Advanced Materials, 2005, 6(5): 540-547.

[152] Yan H, Hua J, Shivpuri R. Flow stress of AISI H13 die steel in hard machining[J]. Materials & Design, 2007, 28(1): 272-277.

[153] 鲁世红, 何宁. H13 淬硬钢高应变速率动态性能的实验与本构方程研究[J].中国机械工程, 2008, 19: 2382-2385.

[154] 李涛. 淬硬模具钢正交切削的力学建模与计算机仿真研究[D]. 南京: 南京航空航天大学, 2007.

[155] Ducobu F, Rivière-Lorphèvre E, Filippi E. On the importance of the choice of the parameters of the Johnson-Cook constitutive model and their influence on the results of a Ti6Al4V orthogonal cutting model[J]. International Journal of Mechanical Sciences, 2017, 122: 143-155.

[156] Wang B, Liu Z Q. Shear localization sensitivity analysis for Johnson-Cook constitutive parameters on serrated chips in high speed machining of Ti6Al4V[J]. Simulation Modelling Practice and Theory, 2015, 55: 63-76.

[157] Rhim S H, Oh S I. Prediction of serrated chip formation in metal cutting process with new flow stress model for AISI 1045 steel[J]. Journal of Materials Processing Technology, 2006, 171(3): 417-422.

[158] 王春芳, 王毛球, 时捷, 等. 17CrNiMo6 钢中板条马氏体的形态与晶体学分析[J]. 材料热

处理学报, 2007, 28(2): 64-68.

[159] Yuan X H, Yang M S, Zhao K Y. Effects of microstructure transformation on strengthening and toughening for heat-treated low carbon martensite stainless bearing steel[J]. Materials Science Forum, 2015, 817: 667-674.

[160] Hidalgo J, Santofimia M J. Effect of prior austenite grain size refinement by thermal cycling on the microstructural features of as-quenched lath martensite[J]. Metallurgical and Materials Transactions: A, 2016, 47(11): 5288-5301.

[161] Galindo-Nava E I, Rainforth W M, Rivera-Díaz-Del-Castillo P E J. Predicting microstructure and strength of maraging steels: Elemental optimisation[J]. Acta Materialia, 2016, 117: 270-285.

[162] Galindo-Nava E I, Rivera-Díaz-Del-Castillo P E J. A model for the microstructure behaviour and strength evolution in lath martensite[J]. Acta Materialia, 2015, 98: 81-93.

[163] Mai T A, Lim G C. Micromelting and its effects on surface topography and properties in laser polishing of stainless steel[J]. Journal of Laser Applications, 2004, 16(4): 221-228.

[164] Hosseini S B, Klement U, Yao Y, et al. Formation mechanisms of white layers induced by hard turning of AISI 52100 steel [J]. Acta Materialia, 2015, 89: 258-267.

[165] Chou Y K. Surface hardening of AISI 4340 steel by machining: A preliminary investigation[J]. Journal of Materials Processing Technology, 2002, 124(1-2): 171-177.

[166] Hosseini S B, Dahlgren R, Ryttberg K, et al. Dissolution of iron-chromium carbides during white layer formation induced by hard turning of AISI 52100 steel[C]. The 6th CIRP International Conference on High Performance Cutting, 2014, 14: 107-112.

[167] Ramesh A, Melkote S N. Modeling of white layer formation under thermally dominant conditions in orthogonal machining of hardened AISI 52100 steel[J]. International Journal of Machine Tools and Manufacture, 2008, 48(3-4): 402-414.

[168] Darken L S, Gurry R W, Bever M B, et al. Physical Chemistry of Metals[M]. New Delhi: CBS Press, 1953.

[169] Avrami M. Kinetics of phase change. I General theory[J]. The Journal of Chemical Physics, 1939, 7(12): 1103-1112.

[170] Lakhkar R S, Shin Y C, Krane M J M. Predictive modeling of multi-track laser hardening of AISI 4140 steel[J]. Materials Science & Engineering: A, 2007, 480(1-2): 209-217.

[171] Akcan S, Shah W S, Moylan S P, et al. Formation of white layers in steels by machining and their characteristics[J]. Metallurgical and Materials Transactions: A, 2002, 33(4): 1245-1254.

[172] Deng D A. FEM prediction of welding residual stress and distortion in carbon steel considering phase transformation effects[J]. Materials & Design, 2009, 30(2): 359-366.

[173] Lee C H, Chang K H. Prediction of residual stresses in high strength carbon steel pipe weld considering solid-state phase transformation effects[J]. Computers and Structures, 2011, 89(1-2): 256-265.

[174] Fleischer J, Pabst R, Kelemen S. Heat flow simulation for dry machining of power train castings[J]. CIRP Annals—Manufacturing Technology, 2007, 56(1): 117-122.

[175] Ramesh A, Melkote S N, Allard L F, et al. Analysis of white layers formed in hard turning of AISI 52100 steel[J]. Materials Science and Engineering: A, 2005, 390(1-2): 88-97.

[176] Thomas M, Turner S, Jackson M. Microstructural damage during high-speed milling of titanium alloys[J]. Scripta Materialia, 2010, 62(5): 250-253.

[177] Attanasio A, Umbrello D, Cappellini C, et al. Tool wear effects on white and dark layer formation in hard turning of AISI 52100 steel[J]. Wear, 2012, 286-287: 98-107.

[178] Smithey D W, Kapoor S G, de Vor R E. A new mechanistic model for predicting worn tool cutting forces[J]. Machining Science and Technology, 2001, 5(1): 23-42.

[179] Waldorf D J, de Vor R E, Kapoor S G. A slip-line field for ploughing during orthogonal cutting[J]. Journal of Manufacturing Science and Engineering, 1998, 120(4): 693-699.

[180] Komanduri R, Hou Z B. Thermal modeling of the metal cutting process: Part I–Temperature rise distribution due to shear plane heat source[J]. International Journal of Mechanical Sciences, 2000, 42(9): 1715-1752.

[181] Huang K, Yang W. Analytical model of temperature field in workpiece machined surface layer in orthogonal cutting[J]. Journal of Materials Processing Technology, 2016, 229: 375-389.

[182] Yan L, Yang W, Jin H P, et al. Analytical modeling of the effect of the tool flank wear width on the residual stress distribution[J]. Machining Science and Technology, 2012, 16(2): 265-286.

[183] Huang K, Yang W. Analytical modeling of residual stress formation in workpiece material due to cutting[J]. International Journal of Mechanical Sciences, 2016, 114: 21-34.

[184] Czan A, Sajgalik M, Holubjak J, et al. Identification of temperatures in cutting zone when dry machining of nickel alloy Inconel 718[J]. Procedia Manufacturing, 2017, 14: 66-75.

[185] Shan C W, Zhang X, Shen B, et al. An improved analytical model of cutting temperature in orthogonal cutting of Ti6Al4V[J]. Chinese Journal of Aeronautics, 2019, 32(3): 759-769.

[186] Özel T. Computational modelling of 3D turning: Influence of edge micro-geometry on forces, stresses, friction and tool wear in PCBN tooling[J]. Journal of Materials Processing Technology, 2009, 209(11): 5167-5177.

[187] Fulemova J, Janda Z. Influence of the cutting edge radius and the cutting edge preparation on tool life and cutting forces at inserts with wiper geometry[J]. Procedia Engineering, 2014, 69: 565-573.

[188] Karpuschewski B, Schmidt K, Prilukova J, et al. Influence of tool edge preparation on performance of ceramic tool inserts when hard turning[J]. Journal of Materials Processing Technology, 2013, 213(11): 1978-1988.

[189] Long S L, Liang Y L, Jiang Y, et al. Effect of quenching temperature on martensite multi-level microstructures and properties of strength and toughness in 20CrNi2Mo steel[J]. Materials Science and Engineering: A, 2016, 676: 38-47.

[190] 崔冰, 彭云, 彭梦都, 等. 焊接热输入对 Q890 钢焊缝金属组织及韧性的影响[J]. 金属热处理, 2016, 41(4): 46-50.

[191] Kumar B R, Singh R, Mahato B, et al. Effect of texture on corrosion behavior of AISI 304L stainless steel[J]. Materials Characterization, 2005, 54(2): 141-147.

[192] Liu Z G, Li P J, Xiong L T, et al. High-temperature tensile deformation behavior and microstructure evolution of Ti55 titanium alloy[J]. Materials Science and Engineering: A, 2017, 680: 259-269.

[193] Fergani O, Tabei A, Garmestani H, et al. Prediction of polycrystalline materials texture evolution in machining via viscoplastic self-consistent modeling[J]. Journal of Manufacturing Processes, 2014, 16(4): 543-550.

[194] Poorganji B, Miyamoto G, Maki T, et al. Formation of ultrafine grained ferrite by warm deformation of lath martensite in low-alloy steels with different carbon content[J]. Scripta Materialia, 2008, 59(3): 279-281.

[195] Meyers M A. Deformation, phase transformation and recrystallization in the shear bands induced by high-strain rate loading in titanium and its alloys[J]. Journal of Materials Science and Technology, 2006, 22(6): 737-746.

[196] Andrade U, Meyers M A, Vecchio K S, et al. Dynamic recrystallization in high-strain, high-strain-rate plastic deformation of copper[J]. Acta Metallurgica et Materialia, 1994, 42(9): 3183-3195.

[197] Wang Q F, Zhang C Y, Xu W W, et al. Refinement of steel austenite grain under an extremely high degree of superheating[J]. Journal of Iron and Steel Research, International, 2007, 14(5): 161-166.

[198] Yanagimoto J, Karhausen K, Brand A J, et al. Incremental formulation for the prediction of flow stress and microstructural change in hot forming[J]. Journal of Manufacturing Science and Engineering, 1998: 120 (2): 316-322.

[199] Tabei A, Shih D S, Garmestani H, et al. Dynamic recrystallization of Al alloy 7075 in turning[J]. Journal of Manufacturing Science and Engineering, 2016, 138(7): 071010.

[200] Hughes G D. The effect of grain size on the hardness of electrodeposited nickel[D]. City of College Park: University of Mary land, 1987.

[201] Ding H T, Shin Y C. Dislocation density-based modeling of subsurface grain refinement with laser-induced shock compression[J]. Computational Materials Science, 2012, 53(1): 79-88.

[202] 张泰瑞. 延性金属材料准静态力学性能的球压头压入测算方法研究[D]. 济南: 山东大学, 2018.

[203] Shankar S, Loganathan P, Mertens A J. Analysis of pile-up/sink-in during spherical indentation for various strain hardening levels[J]. Structural Engineering and Mechanics, 2015, 53(3): 429-442.

[204] Haggag F M. Field indentation microprobe for structural integrity evaluation[P]. US 4852397, 1989.

[205] Tabor D. The Hardness of Metals[M]. London: Oxford University Press, 2000.

[206] Haggag F M. In-situ measurements of mechanical properties using novel automated ball indentation system[A]//Corwin W R, Haggag F M, Server W L. Small Specimen Test Techniques Applied to Nuclear Reactor Thermal Annealing and Plant Life Extension, ASTM STP 1204. Philadelphia American Society for Testing and Materials, 1993: 27-44.

[207] Haggag F M, Nanstad R K, Hutton J T, et al. Use of automated ball indentation testing to measure flow properties and estimate fracture toughness in metallic materials[A]//Braun A A, Ashbaugh N E, Smith F M. Applications of Automation Technology to Fatigue and Fracture Testing, ASTM STP 1092, American Society for Testing and Materials, Philadelphia, 1990: 188-208.

[208] Murty K L, Haggag A F M. Characterization of strain-rate sensitivity of Sn-5% Sb solder using ABI testing[C]. TMS Proceedings of Microstructures and Mechanical Properties of Aging Materials II, 1995: 37-44.

[209] Das G, Ghosh S, Sahay S K. Use of ball indentation technique to determine the change of tensile properties of SS316L steel due to cold rolling[J]. Materials Letters, 2005, 59(18): 2246-2251.

[210] Lee J S, Jang J I, Lee B W, et al. An instrumented indentation technique for estimating fracture toughness of ductile materials: A critical indentation energy model based on continuum damage mechanics[J]. Acta Materialia, 2006, 54(4): 1101-1109.

[211] Haggag F M, Nanstad R K. Estimating fracture toughness using tension or ball indentation tests and a modified critical strain model[J]. Innovative Approaches to Irradiation Damage and Failure Analysis, 1989, 170: 41-46.

[212] Griffith A A. The phenomena of rupture and flow in solids[J]. Philosophical Transactions of the Royal Society of London: Series A, 1921, 221(582-593): 163-198.

[213] Kachanov L M. Introduction to Continuum Damage Mechanics[M]. Dordrecht: Springer Science + Business Media, 1986.

[214] Lemaitre J. A continuous damage mechanics model for ductile fracture[J]. Journal of Engeering Material and Technology, 1985, 107: 83-89.

[215] Oliver W C, Pharr G M. Measurement of hardness and elastic modulus by instrumented indentation: Advances in understanding and refinements to methodology[J]. Journal of Materials Research, 2004, 19(1): 3-20.

[216] Andersson H. Analysis of a model for void growth and coalescence ahead of a moving crack tip[J]. Journal of the Mechanics and Physics of Solids, 1977, 25(3): 217-233.

[217] Liu X M, Yuan F P, Wei Y G. Grain size effect on the hardness of nanocrystal measured by the nanosize indenter[J]. Applied Surface Science, 2013, 279: 159-166.

[218] Wang H M, Lu Z W, Huang Z Y, et al. Size effect on hardness for micro-sized and nano-sized YAG transparent ceramics[J]. Ceramics International, 2018, 44(11): 12472-12476.

[219] Schulze V, Zanger F, Ambrosy F. Quantitative microstructural analysis of nanocrystalline surface layer induced by a modified cutting process[J]. Advanced Materials Research, 2013, 769: 109-115.

[220] 王春芳, 王毛球, 时捷, 等. 低碳马氏体钢的微观组织及其对强度的影响[J]. 钢铁, 2007, (11): 57-60.

[221] Shibata A, Nagoshi T, Sone M, et al. Evaluation of the block boundary and sub-block boundary strengths of ferrous lath martensite using a micro-bending test[J]. Materials Science and Engineering: A, 2010, 527(29-30): 7538-7544.

[222] Sharman A R, Hughes J I, Ridgway K. Workpiece surface integrity and tool life issues when turning inconel 718™ nickel based superalloy[J]. Machining Science and Technology, 2004, 8(3): 399-414.

[223] Denkena B, Biermann D. Cutting edge geometries[J]. CIRP Annals — Manufacturing Technology, 2014, 63(2): 631-653.

[224] Ghosh S, Tarafder M, Sivaprasad S, et al. Experimental and numerical study of ball indentation

for evaluation of mechanical properties and fracture toughness of structural steel[J]. Transactions of the Indian Institute of Metals, 2010, 63(2-3): 617-622.

[225] Albrecht P. New developments in the theory of the metal-cutting process: Part I .The ploughing process in metal cutting[J]. Journal of Engineering for Industry, 1960, 82(4): 348-358.

[226] Kawai N, Dohda K, Wang Z, et al. Research into mirror surface finishing by the ironing process[J]. Journal of Materials Processing Technology, 1990, 22(2): 123-136.

[227] Gerstenmeyer M, Ort B L, Zanger F, et al. Influence of the cutting edge microgeometry on the surface integrity during mechanical surface modification by complementary machining[J]. Procedia CIRP, 2017, 58: 55-60.

[228] Hashemi S H. Strength-hardness statistical correlation in API X65 steel[J]. Materials Science and Engineering: A, 2011, 528(3): 1648-1655.

附录1 符号对照表

符号	名称	单位
A	初始屈服强度	MPa
A_c	压头与材料接触区域的投影面积	mm^2
a_e	径向切削深度	mm
a, b, c, m	晶粒尺寸预测模型中材料常数	—
B	应变硬化模量	—
C	应变率敏感系数	—
C_v	速度常数	—
C_0, C_1	材料常数	—
c_p	比热容	J/(kg · ℃)
D	损伤参数	—
D_g	原奥氏体晶粒尺寸	μm
D_i	压头直径	mm
d	亚表层厚度	μm
$d_i(i=1, 2, 3, 4, 5)$	失效参数	—
d_b	板条块尺寸	μm
d_p	板条束尺寸	μm
d_{pl}	塑性变形压痕直径	mm
dP	等效应力增量	MPa
E_1, E_2, E_D	压头、试样和损伤材料的弹性模量	GPa
F_x, F_y, F_z	切削分力	N
F_c, F_t	切削力，进给力	N
F_{tp}, F_{cp}	犁耕现象引起的切削力和进给力	N
f	孔洞率	—
f_z	每齿进给量	mm
f_γ^*	温度达到 M_s 时的奥氏体含量	—

符号	名称	单位
H	齿峰高	μm
HBW	布氏硬度	N/mm²
h	齿谷高	μm
h^*	临界压入深度	μm
$\Delta_\alpha^\beta H_m$	马氏体转变为奥氏体的摩尔焓	J/mol
ΔH_{tr}	相变焓	J/mol
i	铣刀螺旋角	°
K	强度系数	—
K_{IC}	断裂韧度	MPa·m$^{1/2}$
k	热导率	W/(m·℃)
k_B	玻尔兹曼常数	J/K
M, M^*	损伤变量、临界损伤参数	—
M_s	马氏体相变温度	℃
m	热软化系数	—
m_s	Schmid 因子	—
n	应变硬化指数	—
P	压入载荷	N
p	压力	MPa
Q	动态再结晶时的活化能	mJ/mol
q	von Mises 应力	MPa
R_t	铣刀半径	mm
R	普适气体常数	J/(mol·K)
r	刀尖圆弧半径	mm
r_0	基圆半径	mm
r_β	刃口钝圆半径	μm
S	齿距	μm
S_a	加载区的横断面面积	mm²
S_D	由于亚表层微观缺陷存在而减少的面积	mm²
S_0, S_u	载荷-压入深度曲线的斜率,卸载曲线的斜率	N/mm

续表

符号	名称	单位
T	当前温度	℃
T_m	材料熔点	℃
T_p	相变温度	℃
T_r	参考温度	℃
$t_a(T)$	温度为 T 时生成贝氏体所需的保温时间	s
t_p	材料发生塑性变形所需的时间	s
v_c	切削速度	m/min
ΔV_{tr}	单位摩尔马氏体转变为奥氏体的体积变化量	cm³/mol
W_S	应变能	N·mm
z	铣刀齿数	个
α	前角	°
α_e	有效前角	°
β	后角	°
β_e	有效后角	°
β_m	材料常数	—
δ	塑性变形层厚度	μm
δ_0	与压痕下方应力有关的约束参数	—
$\bar{\varepsilon}_0$	参考应变率	s⁻¹
ε_{cr}	临界应变	—
$\bar{\varepsilon}_f^{pl}$	失效应变	—
ε_p	真实应变	—
$\Delta\bar{\varepsilon}^{pl}$	等效塑性应变增量	—
ζ	热膨胀系数	μm/(m·℃)
η_1, η_2	塑性变形能转变为热量、摩擦产热之间的转换效率	—
η_c	切屑流动方向与前刀面切削刃的垂线的夹角	°
ν, ν_1	试件、压头的泊松比	—
σ	材料流动应力	MPa
σ_b	抗拉强度	MPa
σ_f	材料断裂时的拉应力	MPa

符号	名称	单位
σ_n	法向应力	MPa
σ_s	正应力	MPa
σ_t	真实应力	MPa
σ_y	材料屈服强度	MPa
σ_x^m, σ_y^m, τ_{xy}^m	机械应力分量	MPa
σ_x^t, σ_y^t, σ_{xy}^t	热应力分量	MPa
τ_k	临界切应力	MPa
φ	刀齿的螺旋角度	°
χ	马氏体相变速率的常数	—
w_f	单个裂纹面产生所需的能量	N/mm

附录 2　奥氏体相变主程序

```
subroutine vusdfld(
c Read only -
        nblock, nstatev, nfieldv, nprops, ndir, nshr,
        jElemUid, kIntPt, kLayer, kSecPt,
        stepTime, totalTime, dt, cmname,
        coordMp, direct, T, charLength, props,
        stateOld,
c Write only -
        stateNew, field )
    include 'vaba_param.inc'
    dimension jElemUid(nblock), coordMp(nblock,*),
            direct(nblock,3,3), T(nblock,3,3),
            charLength(nblock),props(nprops),
            stateOld(nblock, nstatev),
            stateNew(nblock, nstatev),
            field(nblock, nfieldv)
    character*80 cmname
    character*3 cData(maxblk)
    dimension temp(maxblk), jData(maxblk)
c Get temperatures from previous increment
c               变量说明
c    sdv1-奥氏体体积分数，f0
c    sdv2-是否发生相转变的标志
c    flag: 1发生，0没有
c    sdv3-马氏体体积分数，fm
c    TEMP_A_S 奥氏体相变开始温度 TEMP_A_F 奥氏体完全相变温度
c    TEMP_M_S 马氏体相变开始温度 TEMP_M_F 马氏体相变结束温度
    TEMP_A_F=***
    TEMP_M_S=***
    TEMP_M_F=***
    JStatus=1
    call vgetvrm( 'TEMP', temp,jData,cData,jStatus)
    do k = 1, nblock
```

```
        stateOld(k,1) = 0
        stateOld(k,3) = 1.0
        stateNew(k,4) = temp(k)
    ...
    stateNew(1) = stateOld(1)
        stateNew(3) = stateOld(3)
        flag = 0.0
    end if
    end if
    stateNew(2) = flag
    return
    end
```

附录3 基于动态再结晶的晶粒尺寸预测主程序

```
subroutine vusdfld(
c Read only -
          nblock, nstatev, nfieldv, nprops, ndir, nshr,
          jElemUid, kIntPt, kLayer, kSecPt,
          stepTime, totalTime, dt, cmname,
          coordMp, direct, T, charLength, props,
          stateold,
c Write only -
          statenew, field )
      include 'vaba_param.inc'
      dimension jElemUid(nblock), coordMp(nblock, *),
                direct(nblock,3,3), T(nblock,3,3),
                props(nprops),
                stateold(nblock, nstatev),
                statenew(nblock, nstatev),
                field(nblock, nfieldv)
      character*80 cmname
c Local arrays from vgetvrm are dimensioned to
c maximum block size (maxblk)
      character*3 cData(maxblk)
      dimension jData(maxblk)
      dimension temp(maxblk),eqps(maxblk),
                deqps(maxblk),eqpsrate(maxblk)
c Get temperatures from previous increment
c                      变量说明
c    sdv1- 再结晶晶粒尺寸，D
c    sdv2- 是否发生动态再结晶的标志，flag：1发生，0没有
c    sdv3- 硬度，HV
c    sdv4- 温度，temp
c    sdv5- 上一时刻的等效塑性应变，eqps(t-1)
c    sdv6- 等效塑性应变，eqps(t)
c    sdv7- 临界应变
c    sdv8- 再结晶次数
```

```
c       sdv9-Z 常数
c       sdv10- 应变率
        jstatus=1
        call vgetvrm ('TEMP',temp,jData,cData,jStatus)
        jstatus=1
        call vgetvrm ('PEEQ',eqps,jData,cData,jStatus)
...

           if (statenew(k,8).eq.0) then
               stateNew(k,1)=D0
               statenew(k,3)=500.d0
           endif
        end do
        return
        end
```

附录 4　基于位错密度的晶粒尺寸预测主程序

```
      subroutine vusdfld(
c Read only -
          nblock, nstatev, nfieldv, nprops, ndir, nshr,
          jElem, kIntPt, kLayer, kSecPt,
          stepTime, totalTime, dt, cmname,
          coordMp, direct, T, charLength, props,
          stateOld,
c Write only -
          stateNew, field )
      include 'vaba_param.inc'
      real*8 jElem(nblock), coordMp(nblock,*),
              direct(nblock,3,3), T(nblock,3,3),
              charLength(nblock), props(nprops),
              stateOld(nblock,nstatev),
              stateNew(nblock,nstatev),
              field(nblock,nfieldv)
      character*80 cmname
c     Local arrays from vgetvrm are dimensioned to
c     maximum block size (maxblk)
      parameter(nrData=6)
      character*3 cData(maxblk*nrData)
      real*8 rData1(maxblk*nrData), jData(maxblk*nrData),
          rData2(maxblk*nrData)
c     OPEN(UNIT=111,FILE="C:\temp\ABQ.OUT",STATUS='UNKNOWN')
      jStatus = 1
      call vgetvrm( 'PEEQ', rData1, jData, cData, jStatus )
      call vgetvrm( 'TEMP', rData2, jData, cData, jStatus )
      if( jStatus .ne. 0 ) then
…
      if((stateNew(k,8).ge.0.0).and.(stateNew(k,8).le.1e14))
then
         stateNew(k,8)=pc
      else
```

```
 stateNew(k,8)=stateOld(k,8)
endif
 statenew(k,30)=stateNew(k,8)+stateNew(k,9)
end do
return
end
```